DAXUE WULI
JICHU JIAOCHENG

大学物理基础教程
（下册）
——中本贯通版

主编　孔晋芳　居家奇　谭默言　杨澄

高等教育出版社·北京

内容简介

　　本书是参照教育部高等学校物理学与天文学教学指导委员会物理基础课程教学指导分委员会编制的《理工科类大学物理课程教学基本要求》(2010年版)编写而成的。考虑到中本贯通培养模式及应用技术型本科院校的实际特点,本书在涵盖基本要求核心内容的同时补充了阅读材料。本书分为上、下两册。上册包括力学基础、机械振动和机械波、热学;下册包括电磁学、波动光学和量子物理基础。

　　本书可作为高等院校中本贯通类工科的大学物理课程教材,也可供文理科相关专业学生阅读。

图书在版编目（ＣＩＰ）数据

　　大学物理基础教程 ：中本贯通版. 下册 ／ 孔晋芳等主编. -- 北京 ： 高等教育出版社，2020.12
　　ISBN 978-7-04-054338-4

　　Ⅰ．①大… Ⅱ．①孔… Ⅲ．①物理学-高等学校-教材 Ⅳ．①O4

　　中国版本图书馆 CIP 数据核字(2020)第 109526 号

策划编辑　王　硕	责任编辑　王　硕	封面设计　王　鹏	版式设计　杜微言
插图绘制　于　博	责任校对　李大鹏	责任印制　存　怡	

出版发行　高等教育出版社	网　　址　http://www.hep.edu.cn
社　　址　北京市西城区德外大街4号	http://www.hep.com.cn
邮政编码　100120	网上订购　http://www.hepmall.com.cn
印　　刷　唐山嘉德印刷有限公司	http://www.hepmall.com
开　　本　787 mm×1092 mm　1/16	http://www.hepmall.cn
印　　张　8.25	
字　　数　200 千字	版　　次　2020年12月第1版
购书热线　010 - 58581118	印　　次　2020年12月第1次印刷
咨询电话　400 - 810 - 0598	定　　价　20.20 元

本书如有缺页、倒页、脱页等质量问题，请到所购图书销售部门联系调换
版权所有　侵权必究
物　料　号　54338 - 00

大学物理
基础教程

（下册）
——中本贯通版

主 编

孔晋芳

居家奇

谭默言

杨　澄

1　计算机访问 http://abook.hep.com.cn/1254756，或手机扫描二维码、下载并安装 Abook 应用。

2　注册并登录，进入"我的课程"。

3　输入封底数字课程账号（20位密码，刮开涂层可见），或通过 Abook 应用扫描封底数字课程账号二维码，完成课程绑定。

4　单击"进入课程"按钮，开始本数字课程的学习。

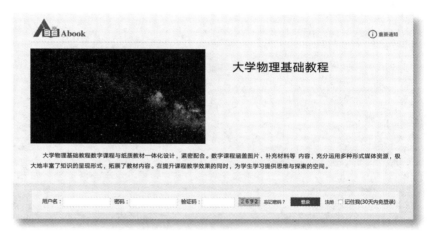

课程绑定后一年为数字课程使用有效期。受硬件限制，部分内容无法在手机端显示，请按提示通过计算机访问学习。

如有使用问题，请发邮件至 abook@hep.com.cn。

扫描二维码
下载 Abook 应用

目录

第七章 真空中的静电场

7.1 电荷 电荷守恒定律

7.1.1 电荷

人们对于电的认识,最初来自人工的摩擦起电现象和自然界的雷电现象.两种不同材料的物体,例如丝绸与玻璃棒,或毛皮与硬橡胶棒等,经相互摩擦后,都能吸引羽毛、纸片等轻小物体.这表明,经摩擦后它们获得了一种属性,处于一种与原来不同的状态,我们称其为带电状态,或者说它们带了电荷.这种处于带电状态的物体,称为带电体.

18 世纪中期,美国科学家富兰克林对大量实验结果分析研究后,提出自然界只有两种性质不同的电荷,分别称为正电荷和负电荷.科学上规定:与用丝绸摩擦过的玻璃棒所带的电相同的,称为正电;与用毛皮摩擦过的橡胶棒带的电相同的,称为负电.同种电荷互相排斥,异种电荷互相吸引.

7.1.2 电荷量

物体所带电荷的多少称为电荷量,电荷量用符号 Q 或 q 表示.在国际单位制(SI)中,电荷量的单位是 C(库仑).库仑是一个导出单位,我们知道,单位时间内通过截面的电荷量就是电流,电流单位为 A(安培).若 1 s 内流过某截面的电荷量为 1 C,则流过该截面的平均电流为 1 A,因此库仑和安培的关系为 1 C = 1 A · s.

迄今为止,所有实验表明,在自然界中,电荷量总是以一个基本单元的整数倍出现,电荷的这种只能取分立的、不连续量值的特性称为电荷的量子化.1913 年,密立根用油滴实验最先测出了电子的电荷量,得到了电荷量的基本单元,也称为元电荷:

$$e = 1.602\ 176\ 634 \times 10^{-19}\ \mathrm{C}$$

其他任何带电体所带电荷量总是元电荷的整数倍,即

$$q = ne$$

近代物理从理论上预言,存在具有分数电荷的粒子——夸克,它们所带电荷量的绝对值是 e 的 $\frac{1}{3}$ 或 $\frac{2}{3}$,然而单独存在的夸克至今尚未在实验中发现.即使发现了,也不过把元电荷的大小缩小到目前的 $\frac{1}{3}$,而电荷的量子性依然不变.因此,可以说电荷量子化是一个普遍的量子化规则.由于本书中我们主要讨论的是电磁现象的宏观规律,涉及的电荷量常常远大于元电荷,而宏观电现象很难表现出电荷的量子化,因此我们在计算时经常把带电体上的电荷当成连续分布来处理,并认为电荷量变化也是连续的,而忽略电荷的量子性所引起的微观起伏.但是在阐明宏观现象的微观本质时,还是要从电荷的量子化出发.

7.1.3 电荷守恒定律

电荷守恒定律:它是物理学的基本定律之一.它指出,对于一个孤立系统,无论发生什么变化,其中所有电荷的代数和永远保持不变.电荷守恒定律表明,如果某一区域中的电荷增加或减少了,那么必定有等量的电荷进入或离开该区域;如果在一个物理过程中产生或消失了某种符号的电荷,那么必定有等量的异号电荷同时产生或消失.电荷守恒定律与能量守恒定律、角动量守恒定律一样,是自然界的基本定律之一.

值得指出的是,现代物理学发现了大量有关粒子相互转化的事实.例如电子 e^{-} 和正电子 e^{+} 对撞湮没,产生两个光子 γ;或者相反,高能光子转化为正负电子对,即

$$\mathrm{e}^{+} + \mathrm{e}^{-} \rightarrow 2\gamma$$

$$\gamma(\text{核旁}) \rightarrow \mathrm{e}^{+} + \mathrm{e}^{-}$$

此外,大量实验还证明,电荷具有相对论不变性.例如,用加速器把带电粒子加速到接近光速时,粒子的质量会变化,但它们所带电荷的电荷量却没有任何改变.为了加深印象,我们可以想象一下,如果电荷也存在相对论效应,会带来什么后果?大家知道,在漫长的演化中,太阳的温度曾经有过显著的变化.如果电荷具有相对论效应,那么,由于电子质量远小于质子的质量,随着温度的变化,电子热运动速度的变化将远超过质子热运动速度的

变化,从而使电子电荷的变化远超过质子电荷的变化,于是太阳整体的电中性便遭到破坏. 由于电力比引力大约 37 个数量级,这将使得当今依靠万有引力系统的太阳与太阳系不复存在,人类赖以生存的家园将荡然无存.

7.2 库仑定律

静电场对位于其中的电荷有力的作用,我们把这种力称为电场力. 电场力是电荷的一种对外表现,它与带电体所带电的正负、电荷量的多少、带电体本身的大小和形状、电荷分布情况以及它们之间的距离有关. 1785 年法国物理学家库仑通过扭秤实验,总结出真空中两个静止点电荷间相互作用力的基本规律,即真空中的库仑定律,简称库仑定律. 当带电体本身的线度与它们之间的距离相比足够小时,即 $r \gg d$,带电体可以认为是点电荷,此时,可以忽略带电体的大小和形状,认为带电体所带电荷量都集中在一个"点"上. 类似于力学中的质点理想模型,点电荷是电学中一个重要的物理理想模型.

库仑定律阐明,在真空中两个静止点电荷之间的相互作用力与距离平方成反比,与电荷量乘积成正比,作用力的方向在它们的连线上,同名电荷相斥,异名电荷相吸. 库仑定律是电学发展史上的第一个定量规律,由此,电学的研究从定性进入定量阶段,库仑定律是电学史中一块重要的里程碑.

库仑定律的矢量表示式为

$$F = k \frac{q_1 q_2}{r^2} e_r \qquad (7-1)$$

式中,F 为点电荷之间的相互作用力;k 为比例系数,r 为两个点电荷之间的距离;e_r 为施力电荷指向受力电荷的径矢方向的单位矢量,如图 7-1 所示.

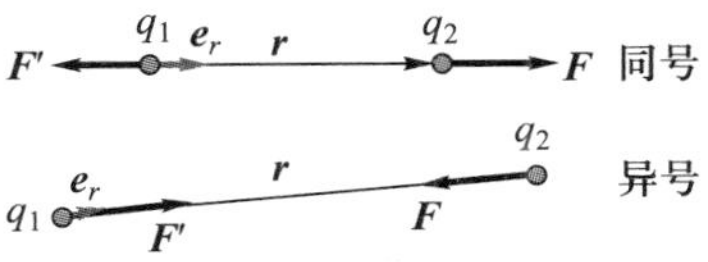

图 7-1 点电荷之间的相互作用

在表达式(7-1)中的静电力常量 $k = \frac{1}{4} \pi \varepsilon_0$,其中,$\varepsilon_0 = 8.85 \times 10^{-12}$ C^2/(N·m^2)为真空介电常量(又称真空电容率),于是库仑定律的形式又可以写成

$$F = \frac{1}{4\pi\varepsilon_0} \frac{q_1 q_2}{r^2} e_r \qquad (7-2)$$

近代物理实验表明,当两个点电荷之间的距离在 $10^{-17} \sim 10^{-19}$ m 范围内,库仑定律是极其准确的. 然而当真空中存在多个点电荷

或者连续带电体时,它们共同作用于某一点电荷的静电力等于其他点电荷单独存在时作用在该点电荷上的静电力的矢量和,这就是电场力叠加原理.

库仑定律和电场力叠加原理是关于静止电荷相互作用的两个基本实验定律,应用它们原则上可以解决静电学中的全部问题.例如,我们求两个连续带电体之间的作用力,若两个带电体不能被看成点电荷,我们就无法直接应用库仑定律式(7-1)来求解.但是,按照叠加原理,我们可以把连续带电体划分成许多带有电荷的小块,使每个小块都可以看成点电荷.按照库仑定律求出连续带电体上的每个点电荷对另一个带电体上每个点电荷的相互作用力,再根据电场力叠加原理求它们的矢量和,即可得两个连续带电体之间相互作用的电场力.

例 7-1

在氢原子内,电子和质子的间距为 5.3×10^{-11} m,求它们之间的电相互作用和万有引力,并比较它们的大小.

解:已知 $m_e = 9.1 \times 10^{-31}$ kg,$e = 1.6 \times 10^{-19}$ C,$m_p = 1.67 \times 10^{-27}$ kg,$G = 6.67 \times 10^{-11}$ N $\cdot$ m^2 $\cdot$ kg^{-2},代入公式:

电子和质子之间的库仑力:

$$F_e = \frac{1}{4\pi\varepsilon_0} \frac{e^2}{r^2} = 8.2 \times 10^{-6} \text{ N}$$

电子和质子之间的万有引力:

$$F_g = G \frac{m_e m_p}{r^2} = 3.6 \times 10^{-47} \text{ N}$$

库仑力和万有引力之比:

$$\frac{F_e}{F_g} = 2.28 \times 10^{41}$$

由此可见:在微观领域中,万有引力比库仑力小得多,可忽略不计.

7.3　电场　电场强度

由于静电场力作用的时候,两个点电荷之间相互作用并不需要相互接触,因此早期电磁理论曾认为,电荷之间的相互作用是一种"超距作用",即两个点电荷突然出现在真空中,它们之间不需通过任何介质传达,也不需要时间,而是能够立即发生相互作用.而现代的理论和实验都表明,电荷之间的相互作用实际上是通过电场传递的,而电场在真空中以光速 c 传播.产生电场的电荷称为源电荷.电荷量不变的源电荷相对参考系静止时,产生的电场就称为静电场.

电场具有物质性:(1)对放入其中的电荷有力的作用;(2)电场力对移动电荷做功;(3)对导体产生静电感应,对电介质产生极化现象.

然而近代物理证明电场和一切实物一样,具有质量、动量和能量.但是不同于实物,场是看不见、摸不着的,几个电场可以同时占有同一个空间,所以说场是一种特殊形式的物质.那我们要如何研究它的性质呢?

我们引入一个试验电荷 q_0,它的电荷量很小,不会影响周围空间的电场分布.将试验电荷置于一点电荷产生的电场中,它将受到电场力的作用.实验表明,q_0 所受的电场力 $\boldsymbol{F}$ 与试验电荷 q_0 的大小和正负有关,但比值 $\boldsymbol{F}/q_0$ 与试验电荷无关,是一个能反映电场性质的物理量,称为电场强度,用 $\boldsymbol{E}$ 表示,即

$$E = \frac{F}{q_0} \tag{7-3}$$

电场强度的国际单位制单位是 N/C(牛顿每库仑)或 V/m(伏特每米).

电场强度 $\boldsymbol{E}$ 是矢量,电场中某点电场强度的大小等于单位电荷在该点所受电场力的大小,其方向与正电荷在该点所受电场力的方向一致.

7.3.1 点电荷的电场强度

如图 7-2 所示,点电荷位于原点 O,将试验电荷 q_0 放在距点电荷 q 为 r 的任一点 P 处,根据库仑定律,q_0 所受的电场力为

图 7-2 点电荷的电场强度

$$F = \frac{qq_0}{4\pi\varepsilon_0 r^2}e_r$$

由电场强度的定义式(7-3),可以得到 P 点的场强为

$$E = \frac{F}{q_0} = \frac{q}{4\pi\varepsilon_0 r^2}e_r \tag{7-4}$$

式中,e_r 为由点电荷指向场点 P 的单位方向矢量.若 $q>0$,$\boldsymbol{E}$ 与 $\boldsymbol{e}_r$ 同向;若 $q<0$,$\boldsymbol{E}$ 与 $\boldsymbol{e}_r$ 反向.式(7-4)表明,点电荷的电场强度具有高度的球对称性,对于带正电的点电荷,其方向以点电荷为中心向外辐射;而对于带负电的点电荷,其方向则以点电荷为中心向内辐射.

电场强度大小与到点电荷的距离 r^2 成反比.距离相同处,电

场强度相同．同时我们注意到，当 $r=0$ 时，$E\rightarrow\infty$，这似乎是一个无意义的数值．实际上，点电荷只是一个理想模型，当场点无限靠近点电荷时，点电荷将变成一个有几何尺寸的带电体，其电场强度不能简单地用式(7-4)直接求解．

例 7-2

如图 7-3 所示，把一个点电荷 $q=-6.2\times10^{-8}$ C 放在电场中某点处，该电荷受到的电场力为 $\boldsymbol{F}=(3.2\times10^{-6}\boldsymbol{i}+1.3\times10^{-6}\boldsymbol{j})$ N，求该电荷所在处的电场强度．

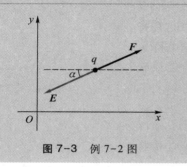

图 7-3   例 7-2 图

解：$\boldsymbol{E}=\dfrac{\boldsymbol{F}}{q}=-(51.6\boldsymbol{i}+21.0\boldsymbol{j})$ N·C^{-1}

电场强度的大小：

$$E=\sqrt{(-51.6)^2+(-21.0)^2}\ \text{N·C}^{-1}$$
$$=55.71\ \text{N·C}^{-1}$$

电场强度的方向：$\alpha=\arctan\dfrac{E_y}{E_x}=22.1°$

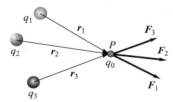

(a) 点电荷系对静止电荷的电场力

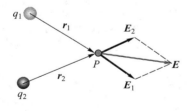

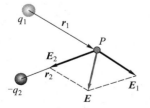

(b) 点电荷系的电场强度

图 7-4

7.3.2 电场强度的叠加原理

设有 n 个点电荷 $q_1,q_2,\cdots,q_n$ 构成的点电荷系，在它们产生的电场中某点 P 处，有一个检验电荷 q_0，如图 7-4(a)所示，q_0 所受的总的电场力为 $\boldsymbol{F}=\boldsymbol{F}_1+\boldsymbol{F}_2+\cdots+\boldsymbol{F}_n$，即 $\boldsymbol{F}=\sum\boldsymbol{F}_i$．根据电场强度的定义，$P$ 点处的电场强度为

$$\boldsymbol{E}=\frac{\boldsymbol{F}}{q_0}=\sum\frac{\boldsymbol{F}_i}{q_0}=\sum\boldsymbol{E}_i \tag{7-5}$$

上式右方的 $\boldsymbol{E}_i$ 为点电荷系中各个点电荷产生的电场强度．因此我们可以得到，点电荷系在某点产生的电场强度，等于点电荷系中每个点电荷单独存在时在该点所产生的电场强度的矢量和．这一结果称为电场强度叠加原理．

具体计算步骤[参考图 7-4(b)]：

(1) 计算各点电荷场强的大小；

(2) 在图上标出各点电荷场强的方向；

(3) 利用公式(7-5)，矢量叠加求解点电荷系的电场强度．

例 7-3

在直角三角形 ABC 的 A 点上有点电荷 $q_1 = 1.8 \times 10^{-9}$ C，B 点上有点电荷 $q_2 = -4.8 \times 10^{-9}$ C，求 C 点的电场强度．

解：建立如图 7-5 所示的坐标系，设 q_1 在 C 点产生的场强为 $\boldsymbol{E}_1$，q_2 在 C 点产生的场强为 $\boldsymbol{E}_2$，根据场强叠加原理：

$$\boldsymbol{E}_C = \boldsymbol{E}_1 + \boldsymbol{E}_2$$

$$E_1 = |\boldsymbol{E}_1| = \frac{q_1}{4\pi\varepsilon_0 l_{AC}^2} = 1.799 \times 10^4 \text{ N/C}$$

$$E_2 = |\boldsymbol{E}_2| = \frac{|q_2|}{4\pi\varepsilon_0 l_{BC}^2} = 2.699 \times 10^4 \text{ N/C}$$

$$E_C = \sqrt{E_1^2 + E_2^2} = 3.24 \times 10^4 \text{ N/C}$$

与 x 轴正方向之间的夹角：

$$\alpha = -\arctan(E_1/E_2) = -33°41'$$

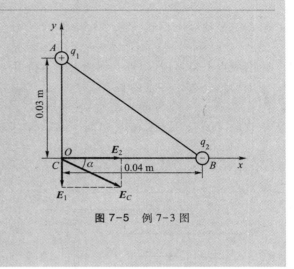

图 7-5 例 7-3 图

计算连续带电体在空间某点产生的电场强度，可利用场强叠加原理，通过微元法，将带电体看成由许多电荷元 $\mathrm{d}q$ 所组成，每一个电荷元均可视为点电荷，如图 7-6 所示，其中任一电荷元在某点 P 产生的场强为

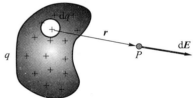

图 7-6 连续带电体的电场强度

$$\mathrm{d}\boldsymbol{E} = \frac{\mathrm{d}q}{4\pi\varepsilon_0 r^2}\boldsymbol{e}_r$$

式中，r 为电荷元 $\mathrm{d}q$ 到场点 P 的距离，$\boldsymbol{e}_r$ 为电荷元 $\mathrm{d}q$ 指向场点的单位矢量，二者均随所取的带电微元 $\mathrm{d}q$ 不同而改变．应用场强叠加原理，对整个带电体求积分，即可得出整个带电体在空间 P 点产生的场强：

$$\boldsymbol{E} = \int \mathrm{d}\boldsymbol{E} = \int \frac{1}{4\pi\varepsilon_0}\frac{\boldsymbol{e}_r}{r^2}\mathrm{d}q \qquad (7-6)$$

注意：

（1）具体的计算过程中，式(7-6)是一矢量的积分，我们首先需要建立坐标系，对 $\boldsymbol{E}$ 进行矢量分解；然后进行对称性分析，以便简化运算．

（2）积分过程中，若电荷分布在一条曲线上，$\mathrm{d}q = \lambda\mathrm{d}l$，其中 λ 为电荷线密度；若电荷分布在一个曲面上，$\mathrm{d}q = \sigma\mathrm{d}S$，其中 σ 为电荷面密度；若电荷分布在一个空间区域内，$\mathrm{d}q = \rho\mathrm{d}V$，其中 ρ 为电荷体密度．

例 7-4

若正电荷 Q 均匀分布在长为 L 的细棒上,求:在棒的延长线上,且离棒的中心为 r 处 P 点的电场强度.

解: 这是计算电荷连续分布带电体的电场强度,此时棒的长度不能忽略,因而不能将棒当成点电荷处理,但带电细棒上的电荷可视为均匀分布在一维的长直线上. 建立如图 7-7 所示一维方向坐标轴,在长直线上任意取一线元 dx,其电荷为 $dq = Qdx/L$,它在点 P 的电场强度为 $d\boldsymbol{E} = \dfrac{1}{4\pi\varepsilon_0}\dfrac{dq}{r'^2}\boldsymbol{e}_r$.

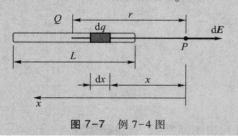

图 7-7 例 7-4 图

整个带电体在点 P 的电场强度:

$$\boldsymbol{E} = \int d\boldsymbol{E}$$

若点 P 在棒的延长线上,带电棒上各电荷元在点 P 的电场强度方向相同,沿 x 轴方向,即

$$E_P = \int_{r-\frac{L}{2}}^{r+\frac{L}{2}} \frac{1}{4\pi\varepsilon_0}\frac{Qdx}{Lx^2}$$

$$= \frac{Q}{4\pi\varepsilon_0 L}\left(\frac{1}{r-L/2} - \frac{1}{r+L/2}\right)$$

$$= \frac{1}{\pi\varepsilon_0}\frac{Q}{4r^2-L^2}$$

电场强度的方向沿 x 轴负方向.

7.4 电场强度通量 高斯定理

7.4.1 电场线

为了直观地描述任一点处电场强度的大小和方向,即电场强度在空间的分布,我们引入一簇空间曲线形象地描述场强分布,这些曲线称为电场线. 为了研究方便,我们规定:电场线上某点的正切线方向为该点电场强度的方向,而电场强度的大小则等于垂直于电场方向单位面积穿过的电场线条数,我们定义为该点的电场线密度:

$$E = \frac{dN}{dS_\perp} \qquad (7-7)$$

注意:电场线并不真实存在,它只是为形象描绘电场强度分

布而使用的一种几何方法．从图 7-8 中我们可以得到电场线的
几点性质：

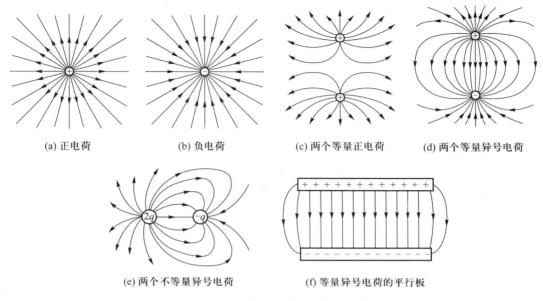

(a) 正电荷	(b) 负电荷	(c) 两个等量正电荷	(d) 两个等量异号电荷

(e) 两个不等量异号电荷　　　　(f) 等量异号电荷的平行板

图 7-8　几种典型电荷的电场线分布

（1）电场线始于正电荷（或无穷远），止于负电荷（或无穷远）；
（2）电场线不闭合；
（3）在无电荷的空间中，电场线不相交，不中断．

在电场的某一区域中，如果各点场强的大小和方向都相同，
这个区域的电场就称为均匀电场．均匀电场的电场线是疏密均
匀、相互平行的直线．如图 7-8(f) 所示，带等量异种电荷的平行
板之间的电场是匀强电场，电场线是等间距的平行直线．

7.4.2　电场强度通量

垂直通过电场中某一曲面的电场线数，称为通过该曲面的
电场强度通量，简称电场强度通量，常用符号 Φ_e 表示，单位为
$V \cdot m$.

如果曲面 S 为平面且与均匀电场的场强 E 垂直，则通过该
平面的电场强度通量为 $\Phi_e = ES$，如果平面法线方向与 E 的方向
成 θ 角，如图 7-9(a) 所示，则通过 S 面的电场强度通量为 $\Phi_e =
ES\cos\theta$. 我们用矢量形式表示通过面积 S 的电场强度通量，则有
$\Phi_e = E \cdot S$. 如果曲面 S 是非均匀电场中的任意一个曲面，如图

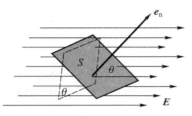

(a)

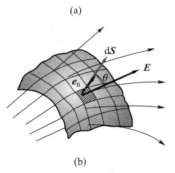

(b)

图 7-9　电场强度通量的计算

7-9（b）所示，在计算穿过这一曲面的电场强度通量时，我们可以采用微元法，把曲面分割成无数小的面积元 dS，使得每个 dS 都可以看成平面，且它所在的区域为均匀电场．根据均匀电场中电场强度通量的计算，穿过任一个小面积元 dS 的电场强度通量为 $d\Phi_e = E \cdot dS$，则通过整个曲面的电场强度通量为

$$\int_S d\Phi_e = \int_S E \cdot dS$$

若 S 是一个闭合曲面，我们要把积分符号换成闭合积分符号，计算得其电场强度通量为

$$\Phi_e = \oint_S d\Phi_e = \oint_S E \cdot dS \qquad (7-8)$$

需要强调的是，电场强度通量是一个标量，其正负由面元矢量方向与电场强度方向的夹角 θ 决定．当 $\theta < \pi/2$ 时，$d\Phi_e > 0$；当 $\theta > \pi/2$ 时，$d\Phi_e < 0$. 数学上规定曲面的面法线方向取垂直曲面向外为正，即当电场线穿出闭合曲面时电场强度通量为正值，穿入时为负值．

例 7-5

如图 7-10 所示，有一三棱柱体的闭合曲面，处于电场强度为 E 的均匀电场中，求通过此三棱柱体的电场强度通量．

解：根据均匀电场中电场强度通量的计算：

$$\Phi_e = \oint_S d\Phi_e = \oint_S E \cdot dS$$

$$\Phi_e = \Phi_{e前} + \Phi_{e后} + \Phi_{e左} + \Phi_{e右} + \Phi_{e下}$$

因为前面、后面和下面的面法线方向和电场强度的方向夹角为 90°：

$$\Phi_{e前} = \Phi_{e后} = \Phi_{e下} = 0$$

$$\Phi_{e左} = \int_{S左} E \cdot S_左 = ES_左 \cos \pi = -ES_左$$

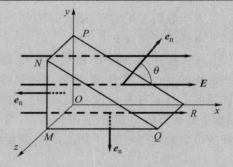

图 7-10　例 7-5 图

$$\Phi_{e右} = \int_{S右} E \cdot S_右 = ES_右 \cos \theta = ES_左$$

$$\Phi_e = \Phi_{e前} + \Phi_{e后} + \Phi_{e左} + \Phi_{e右} + \Phi_{e下} = 0$$

7.4.3 真空中的高斯定理

高斯定理是反映静电场性质的两条基本定理之一，表述为：

穿过任一闭合曲面的电场强度通量,等于曲面内所包围的全部电荷的代数和除以 ε_0,用公式表示为

$$\Phi_e = \oint_S \boldsymbol{E} \cdot \mathrm{d}\boldsymbol{S} = \sum_{i=1}^{n} q_i/\varepsilon_0 \qquad (7-9)$$

i 为曲面 S 内所包围电荷的代数和. 这个闭合曲面通常称为高斯面. 德国数学家和物理学家高斯从理论上给出了通过任一闭合曲面的电场强度通量与闭合曲面内部所包围的电荷的关系,因此这一定理称为高斯定理.

下面我们利用电场强度通量的概念,根据库仑定律和场强叠加原理来导出这一著名的定理.

我们先讨论静止的正电荷 Q 的电场. 以 Q 所在的位置为中心,取一半径为 r 的球面 S,如图 7-11(a)所示. 在球面上任取一面元 $\mathrm{d}S$,由于点电荷 Q 的场强 $\boldsymbol{E}$ 呈现球对称分布,方向沿径矢方向,所以 $\boldsymbol{E}$ 与 $\mathrm{d}\boldsymbol{S}$ 之间的夹角为 $0°$,则根据点电荷的电场强度公式,通过面元 $\mathrm{d}S$ 的电场强度通量为

$$\mathrm{d}\Phi_e = E\mathrm{d}S = \frac{Q}{4\pi\varepsilon_0 r^2}\mathrm{d}S$$

因此,穿过 S 面总的电场强度通量为

$$\Phi_e = \frac{Q}{4\pi\varepsilon_0 r^2}4\pi r^2 = \frac{Q}{\varepsilon_0}$$

这一结果与球面的半径 r 无关,只与球面所包围电荷的电荷量有关. 用电场线来形象地说明,这表明通过半径不同的球面的电场线总的条数是相等的. 现在考虑另外一个任意的闭合曲面与球面包围着同一个点电荷 Q,如图 7-11(b)所示. 根据电场线的性质,通过任意曲面和球面的电场线条数是相同的,因此,我们可以得出通过任意包含点电荷 Q 的闭合曲面的电场强度通量均为 Q/ε_0.

如果闭合曲面不包围点电荷 Q,如图 7-11(c)所示,根据电场线的连续性我们可得,从一侧穿入的电场线条数一定等于从另外一侧穿出的电场线条数,对于这个闭合曲面来讲,静电场线条数为零,即

$$\Phi_{e\text{外}} = \oint_S \boldsymbol{E} \cdot \mathrm{d}\boldsymbol{S} = 0$$

如果静电场是由 n 个点电荷,q_1,q_2,q_3,$\cdots$,q_n 所组成的点电荷系激发,在静电场中作一闭合曲面,如图 7-12 所示. 在闭合曲面上取任意面元矢量 $\mathrm{d}\boldsymbol{S}$,面元所在处的电场强度为 $\boldsymbol{E}$,它是由空间所在的所有点电荷在该处产生的场强的矢量和,即

$$\boldsymbol{E} = \boldsymbol{E}_1 + \boldsymbol{E}_2 + \cdots = \sum_i \boldsymbol{E}_i$$

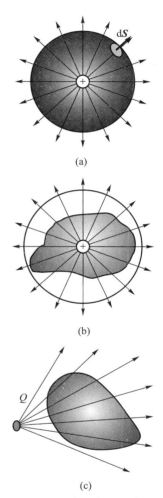

(a)

(b)

(c)

图 7-11 高斯定理的说明

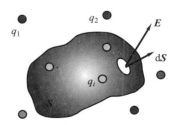

图 7-12 高斯定理的导出

通过闭合曲面 S 的电场强度通量为

$$\Phi_e = \oint_S \boldsymbol{E} \cdot \mathrm{d}\boldsymbol{S} = \oint_S \sum_i \boldsymbol{E}_i \cdot \mathrm{d}\boldsymbol{S}$$

$$= \sum_{i(\text{内})} \oint_S \boldsymbol{E}_i \cdot \mathrm{d}\boldsymbol{S} + \sum_{i(\text{外})} \oint_S \boldsymbol{E}_i \cdot \mathrm{d}\boldsymbol{S}$$

由前面的讨论可知,当曲面不包含电荷时:

$$\sum_{i(\text{外})} \oint_S \boldsymbol{E}_i \cdot \mathrm{d}\boldsymbol{S} = 0$$

从而可得通过闭合曲面的电场强度通量为

$$\Phi_e = \sum_{i(\text{内})} \oint_S \boldsymbol{E}_i \cdot \mathrm{d}\boldsymbol{S} = \frac{1}{\varepsilon_0} \sum_{i(\text{内})} q_i$$

式中,$\sum\limits_{i(\text{内})} q_i$ 为闭合曲面 S 内包含的电荷量的代数和. 在高斯定理中,我们通常把选取的闭合曲面称为高斯面.

为正确理解高斯定理,须注意以下几点:

(1)通过闭合曲面的电场强度通量,只与闭合曲面内的电荷量有关,与闭合曲面内的电荷分布以及闭合曲面外的电荷无关.

(2)闭合曲面上任一点的场强 $\boldsymbol{E}$,是空间所有电荷(包括闭合曲面内、外的电荷)激发的,即闭合曲面上的场强是总场强,不能理解为闭合曲面上的场强仅仅是由闭合曲面内的电荷所激发.

(3)穿过高斯面的电场强度通量仅与高斯面内的电荷系有关,与高斯面形状和电荷系分布情况无关. 闭合曲面内的电荷的代数和为零,只能说明通过闭合曲面的电场强度通量为零,并不意味着闭合曲面上各点的场强也为零.

(4)高斯定理反映了静电场的一个基本性质:静电场是有源场. 静电场线是非闭合的曲线.

高斯定理不仅适用于静电场,同时对变化的电场也是适用的,是麦克斯韦电磁场理论基本方程之一.

7.5　静电场的环路定理　电势能

7.5.1　静电场力的功

我们知道,在重力场中移动物体时,重力对物体所做的功与路径无关,那么在静电场中移动电荷时,电场力对电荷所做的功与路径有没有关系呢？接下来我们研究静电场力做功的特点．

　　检验电荷 q_0 处于静止点电荷 Q 产生的电场中，从 a 点沿某一路径移至 b 点，如图 7-13 所示，图中 r_a 和 r_b 分别为路径起点和终点距离点电荷 Q 的距离．求此过程中静电场力所做的功．

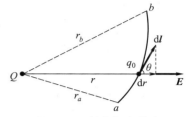

图 7-13 静电场力做功

　　根据微元法，把移动路径分割成无穷多个位移元，我们在距离点电荷为 r 的距离处取 $\mathrm{d}\boldsymbol{l}$ 的位移，$\boldsymbol{E}$ 为 q_0 所在处的电场强度；θ 为 $\boldsymbol{E}$ 与 $\mathrm{d}\boldsymbol{l}$ 之间的夹角，则静电场力在 $\mathrm{d}\boldsymbol{l}$ 位移上的元功为

$$\mathrm{d}W = q_0\boldsymbol{E} \cdot \mathrm{d}\boldsymbol{l} = \frac{Qq_0}{4\pi\varepsilon_0 r^2}\boldsymbol{e}_r \cdot \mathrm{d}\boldsymbol{l} \qquad (7\text{-}10)$$

由图可知

$$\boldsymbol{e}_r \cdot \mathrm{d}\boldsymbol{l} = \mathrm{d}l\cos\theta = \mathrm{d}r$$

q_0 从 a 点移动到 b 点静电场力所做的总功为

$$W = \int_{r_a}^{r_b} q_0\boldsymbol{E} \cdot \mathrm{d}\boldsymbol{l} = \int_{r_a}^{r_b} \frac{qq_0}{4\pi\varepsilon_0 r^2}\boldsymbol{e}_r \cdot \mathrm{d}\boldsymbol{l} = \frac{qq_0}{4\pi\varepsilon_0}\int_{r_a}^{r_b} \frac{\mathrm{d}r}{r^2}$$

$$= \frac{qq_0}{4\pi\varepsilon_0}\left(\frac{1}{r_a} - \frac{1}{r_b}\right) \qquad (7\text{-}11)$$

式中，r_a 和 r_b 分别是电荷 q_0 移动的起点和终点的位矢大小．

　　上式表明，检验电荷 q_0 在点电荷 Q 的电场中运动时，静电场力对检验电荷所做的功只与检验电荷电荷量和其始末位置有关，与其所经历的路径无关．尽管上述结论是从点电荷电场做功得出的结论，但是这一结论可以推广到任意带电体产生的静电场．

　　任何一个带电体产生的电场可以看成 n 个点电荷共同产生的电场，根据电场强度叠加原理有

$$\boldsymbol{E} = \sum_{i=1}^{n} \boldsymbol{E}_i = \boldsymbol{E}_1 + \boldsymbol{E}_2 + \cdots + \boldsymbol{E}_n$$

　　当一检验电荷 q_0 在此电场中由 a 点移动到 b 点时，电场力所做的功为

$$W = \int_{r_a}^{r_b} q_0\boldsymbol{E} \cdot \mathrm{d}\boldsymbol{l} = \int_{r_a}^{r_b} q_0(\boldsymbol{E}_1 + \boldsymbol{E}_2 + \cdots + \boldsymbol{E}_n) \cdot \mathrm{d}\boldsymbol{l}$$

$$= \sum_{i=1}^{n} q_0\int_{r_a}^{r_b} \boldsymbol{E}_i \cdot \mathrm{d}\boldsymbol{l} \qquad (7\text{-}12)$$

从式（7-11）和式（7-12）中我们可以发现，等式右端每一项只与电荷的电荷量及始末位置有关，而与移动路径无关．这一结论说明了静电场力是保守力．

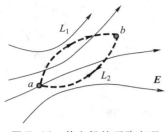

图 7-14 静电场的环路定理

7.5.2 静电场的环路定理

由于静电场力做功与路径没有关系,如果检验电荷从场点出发,沿任意闭合路径回到起点(图 7-14),则静电场力做功:

$$W = \oint \boldsymbol{F} \cdot \mathrm{d}\boldsymbol{l} = \oint q_0 \boldsymbol{E} \cdot \mathrm{d}\boldsymbol{l} = \int_{a(L_1)}^{b} q_0 \boldsymbol{E} \cdot \mathrm{d}\boldsymbol{l} + \int_{b(L_2)}^{a} q_0 \boldsymbol{E} \cdot \mathrm{d}\boldsymbol{l}$$

$$= \int_{a(L_1)}^{b} q_0 \boldsymbol{E} \cdot \mathrm{d}\boldsymbol{l} - \int_{a(L_2)}^{b} q_0 \boldsymbol{E} \cdot \mathrm{d}\boldsymbol{l} = 0 \tag{7-13}$$

因为 $q_0 \neq 0$,所以我们可得出以下结论:

$$\oint_l \boldsymbol{E} \cdot \mathrm{d}\boldsymbol{l} = 0 \tag{7-14}$$

上式表明:在静电场中,电场强度沿任一闭合回路的积分为零,这就是静电场的环路定理.环路定理同高斯定理一样,都是描述静电场性质的重要定理.它反映了静电场的另一个基本性质,即静电场是保守的场.

根据静电场的环路定理我们可以证明电场线是非闭合的.

假设静电场的电场线闭合,那么电荷沿闭合的电场线运动一周,由于检验电荷移动方向与电场线方向一致,故电场力始终对电荷做正功,电场力做功不为零.这一结论与环路定理相互矛盾,因此,证明了静电场中电场线是非闭合的.

7.5.3 电势能

经典力学中,因为保守力做功与路径没有关系这一特殊性质,我们引入了势能的概念来描述保守力做功.由于静电场力是保守力,所以对静电场力做功我们也相应地引入势能的概念,对应静电场力的势能叫电势能.根据功能原理:静电场力所做的功等于电荷电势能的改变量,或电势能增量的负值.

$$W_{a \to b} = \int_a^b q_0 \boldsymbol{E} \cdot \mathrm{d}\boldsymbol{l} = E_{\mathrm{p}a} - E_{\mathrm{p}b} = -\Delta E_{\mathrm{p}} \tag{7-15}$$

式中,$W_{a \to b}$ 表示电荷 q_0 从 a 点移动到 b 点静电场力所做的功,$E_{\mathrm{p}a}$、$E_{\mathrm{p}b}$ 分别为检验电荷在 a、b 两点的电势能.根据式(7-15)可知,静电场力做正功时检验电荷的电势能降低,静电场力做负功时检验电荷的电势能增加.

根据上式可得,检验电荷在 a 点的电势能为

$$E_{\mathrm{p}a} = \int_a^b q_0 \boldsymbol{E} \cdot \mathrm{d}\boldsymbol{l} + E_{\mathrm{p}b} \tag{7-16}$$

如果我们取 b 点电势能为零,则

$$E_{pa} = \int_a^b q_0 \boldsymbol{E} \cdot \mathrm{d}\boldsymbol{l} \qquad (7-17)$$

因此,检验电荷 q_0 在电场中某点的电势能,在数值上等于把它从该点移到电势能零点处静电场力所做的功,一般对于有限大的带电体,我们通常选取无限远处作为静电场的电势能零点,则

$$E_{pa} = \int_a^\infty q_0 \boldsymbol{E} \cdot \mathrm{d}\boldsymbol{l} \qquad (7-18)$$

由此我们可以看出,电势能的大小是相对的,电势能的差是绝对的. 其物理意义为:试验电荷在电场中某点的电势能,在数值上等于把它从该点移至电势能为零的点时静电场力所做的功. 电势能的国际单位制单位为 J(焦耳).

同重力势能一样,电势能也是一个相对量,只有选定电势能零点后,才能确定电荷在其他点的电势能. 电势能零点的选取是任意的,通常取无限远处或大地表面为电势能零点,即电荷在该点的电势能为零.

7.6 电势

7.6.1 电势 电势差

通过电势能的定义,我们发现电势能的大小不仅和检验电荷的电荷量有关,而且和检验电荷在静电场中的位置有关. 若检验电荷 q 在电场中 a 点的电势能为 E_{pa},那么把检验电荷的电荷量增大为原来的 n 倍,结果它在 a 点的电势能也是原来的 n 倍. 也就是说,电荷在电场中某点 a 所具有的电势能 E_{pa} 与电荷的电荷量 q 成正比,无论电荷量 q 是多少,比值 E_{pa}/q 总是一个与电荷无关的常量. 同理,对于电场中的 b 点,E_{pb}/q 也是一个常量. 不同场点处的 E_{pa}/q 和 E_{pb}/q 的比值一般不同,但是与检验电荷的电荷量无关. 因此,我们把检验电荷在电场中某点的电势能和其电荷量的比值,称为该点的电势,用符号 V 表示,其国际单位制单位为 V(伏特). 则由式(7-18)可得,静电场中某点 a 的电势 V_a 为置于该点检验电荷的电势能与检验电荷电荷量的比值,即

$$V_a = \int_a^\infty \boldsymbol{E} \cdot \mathrm{d}\boldsymbol{l}$$

从上述公式我们发现,静电场中某点的电势在数值上等于把单位

正电荷从 a 点沿任意路径移到电势零点时,电场力所做的功. 电势也是描述电场的一个物理量,但与电场强度是矢量不同,电势是标量.

电势和电势能一样,也是一个相对量,只有选定了电势零点后,电场中其他点的电势才有确定的值. 在同一电场中电势零点的选取与电势能零点的选取是一致的.

从上式中我们发现,电场中某点的电势大小与电势零点的选择有关,针对不同的电势零点,电场中同一点的电势是不同的,是一个相对的量. 因此,在具体指明某点的电势值时,必须事先选取电势零点.

理论上,有限带电体以无穷远处为电势零点,实际问题中常选择地面为电势零点;在电子仪器中,则常取机壳和公共地线为电势零点.

7.6.2 点电荷电场的电势

接下来,我们计算点电荷 q 在真空中产生的电场中某点的电势,根据点电荷场强的结论:

$$\boldsymbol{E} = \frac{q}{4\pi\varepsilon_0 r^2}\boldsymbol{e}_r$$

作为有限大的带电体,我们选取无穷远处作为电势零点,根据电势的定义,则电场中某点 P 的电势为

$$V_P = \int_r^\infty \boldsymbol{E} \cdot \mathrm{d}\boldsymbol{l} = \int_r^\infty \frac{q}{4\pi\varepsilon_0 r^2}\mathrm{d}r = \frac{q}{4\pi\varepsilon_0 r} \tag{7-19}$$

从上式可看出,点电荷的电势具有球对称性,即至点电荷距离相等处电势相同. 同时我们发现电势有正负,场源 $q>0, V>0$;场源 $q<0, V<0$.

7.6.3 电势叠加原理

根据场强叠加原理,如果我们研究的带电体是由很多个点电荷组成的电荷系,则可以计算点电荷系的电场中任意一点的电势为

$$V_a = \int_a^\infty \boldsymbol{E} \cdot \mathrm{d}\boldsymbol{l} = \int_a^\infty (\boldsymbol{E}_1 + \boldsymbol{E}_2 + \cdots + \boldsymbol{E}_n) \cdot \mathrm{d}\boldsymbol{l}$$

$$= \int_a^\infty \boldsymbol{E}_1 \cdot \mathrm{d}\boldsymbol{l} + \int_a^\infty \boldsymbol{E}_2 \cdot \mathrm{d}\boldsymbol{l} + \cdots + \int_a^\infty \boldsymbol{E}_n \cdot \mathrm{d}\boldsymbol{l}$$

$$= V_1 + V_2 + \cdots + V_n \qquad (7\text{-}20)$$

上式中，$V_1, V_2, \cdots, V_n$ 分别为 $q_1, q_2, \cdots, q_n$ 单独存在时，在电场中 a 点产生的电势. 由此我们发现 a 点的电势等于 n 个点电荷单独存在时在该点产生的电势的代数叠加，此即电势叠加原理.

如果产生电场的带电体是一个有限大的连续带电体，则根据场强叠加原理，上式的求和可以用积分代替. 我们采用微元法，把连续带电体切割成无穷多个点电荷，任意一个电荷量为 $\mathrm{d}q$ 的点电荷元到场点 P 的距离为 r，取无穷远处为电势零点，则空间电场中任意一点 a 点的电势为

$$V_a = \int_a^\infty \frac{\mathrm{d}q}{4\pi\varepsilon_0 r} \qquad (7\text{-}21)$$

对上式积分时，可针对不同的带电体对 $\mathrm{d}q$ 进行不同的变换. 当电荷为线分布时，$\mathrm{d}q = \lambda\,\mathrm{d}l$；当电荷为面分布时，$\mathrm{d}q = \sigma\,\mathrm{d}S$；当电荷为体分布时，$\mathrm{d}q = \rho\,\mathrm{d}V$.

例 7-6

如图 7-15 所示，四个电荷量均为 $+q$ 的点电荷，固定于水平面内边长为 a 的正方形的四个顶点上，O 为正方形的两对角线的交点，P 在 O 点的正上方（即 PO 垂直于正方形所在平面），$PO = a$，则 O 点的电场强度为_____，电势为_____，P 点的电势为_____.

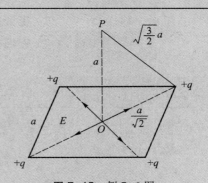

图 7-15 例 7-6 图

解： 根据场强和电势叠加原理：

由于 O 点处于高度对称点，对角线上的两个点电荷产生的场强大小相等、方向相反，因此 O 点总的电场强度为

$$\boldsymbol{E}_O = 0$$

O 点的电势等于每个点电荷单独存在时在这里产生的电势的代数叠加：

$$V_O = 4V_1 = 4\frac{q}{4\pi\varepsilon_0 \dfrac{a}{\sqrt{2}}} = \frac{\sqrt{2}\,q}{\pi\varepsilon_0 a}$$

同理，P 点的电势为

$$V_P = 4\frac{q}{4\pi\varepsilon_0\sqrt{\dfrac{3}{2}}a} = \frac{\sqrt{6}\,q}{3\pi\varepsilon_0 a}$$

7.6.4 电势差

电场中任意两点间电势的差值称为这两点之间的电势差,也称为电压.尽管电场中某点的电势是一个相对的量,但是电场中任意两点的电势差却是一个绝对的量.电势差常用 U 表示.设 a 点电势为 V_a,b 点电势为 V_b,则 a、b 两点的电势差为

$$U_{ab} = \int \boldsymbol{E} \cdot \mathrm{d}\boldsymbol{l} = -(V_b - V_a) = V_a - V_b \qquad (7\text{-}22)$$

即 a、b 两点间的电势差等于把单位正电荷由 a 点移动到 b 点时电场力所做的功.

电势差常用来计算电场力所做的功,如果电荷 q 在某电场中 a 点的电势能为 qV_a,在 b 点的电势能为 qV_b,把 q 从 a 点移到 b 点时,电势能的减少量是 $qV_a - qV_b$,而电势能的减少量等于电场力对 q 做的功 W_{ab},所以有

$$W_{ab} = q(V_a - V_b) = qU_{ab} \qquad (7\text{-}23)$$

电势差的国际单位制单位也是 V(伏特).

将正的点电荷沿电场线方向移动时,电场力做正功,它的电势能逐渐减小,电势逐渐降低,因此,电场线指向电势降低的方向.

例 7-7

电场中 a、b 两点之间的电势差为 220 V,将一个电荷量为 -2.0×10^{-3} C 的电荷从 a 点移到 b 点,电场力做多少功?

解:$W_{ab} = qU_{ab} = -2.0 \times 10^{-3} \times 220$ J $= -4.4 \times 10^{-1}$ J | $W_{ab} < 0$ 表明电荷反抗电场力做功.

---

*7.7　电势和电场强度的关系等势面及其性质

电场中电场强度的分布可以用电场线来形象地描绘,电势的

分布是否也可以形象地描绘出来呢？下面,我们将引入等势面的概念,并用它来描绘电势的分布.电场空间中电势相等的点连接起来所形成的面,称为等势面.为了使等势面能够反映电场的强弱,电势图示法规定任意两相邻等势面间的电势差相等.图7-16为常见的几种等势面和电场线的分布.

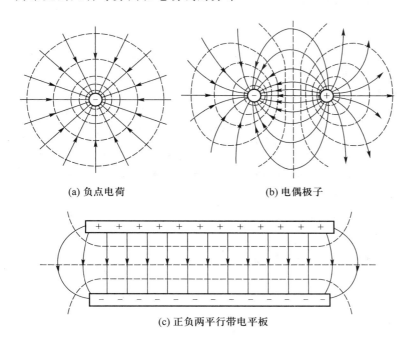

(a) 负点电荷　　　　　(b) 电偶极子

(c) 正负两平行带电平板

图 7-16　几种常见电场的等势面和电场线(实线表示电场线,虚线表示等势面)

从图中我们可以发现,等势面有以下几条性质:

(1)任意两个等势面不相交,因为电场中任一点的电势是固定值.

(2)电场线指向电势降落的方向.

(3)在静电场中,电场强度总是与等势面垂直的,即电场线是和等势面正交的曲线簇.

证明如下:在静电场中,电荷沿等势面从 a 点移动到 b 点,其中,a,b 为等势面上任意两点,根据静电场力做功的特点,$W_{ab} = q_0(V_a - V_b) = 0$,即在同一等势面上移动电荷时,静电场力不做功.另一方面,根据功的基本定义,$dW = q_0 \boldsymbol{E} \cdot d\boldsymbol{l} = 0$.因为 $d\boldsymbol{l}$ 是沿等势面的任一位移元,且 q_0,$\boldsymbol{E}$,$d\boldsymbol{l}$ 均不为 0,所以 $\boldsymbol{E}$ 与 $d\boldsymbol{l}$ 垂直,即电场线与等势面垂直.

(4)等势面密集的地方,电场强度大;等势面稀疏的地方,电场强度小.

显然,依据等势面和电场线的关系是可以分析电场分布的.而在许多实际问题中,等势面常用实验方法直接测量并描绘出来,再根据电场线和等势面垂直这一关系画出电场线,从而了解整个电场的场强分布情况.

本章提要

阅读材料

　　了解电荷、电荷量、电荷守恒定律及其量子化概念.掌握库仑定律,能够计算点电荷间的相互作用.掌握描述静电场的两个基本概念:电场强度及电势,并能理解场强和电势之间的关系.掌握点电荷电场、电势以及叠加原理,并能用其计算任意带电体的电场强度和电势.理解电场线和电场强度通量的概念,并能求出简单情况下的电场强度通量.掌握反映电场性质的基本定理:高斯定理、静电场的环路定理,并能应用高斯定理求电荷简单对称分布情况下的电场强度.

　　1. 常用公式

场源	场强 E	电势 V
点电荷(q)	$E = \dfrac{q}{4\pi\varepsilon_0 r^2}e_r$	$V = \dfrac{q}{4\pi\varepsilon_0 r}$
均匀带电球面(q)	$E = \begin{cases} 0\,(r<R) \\ \dfrac{q}{4\pi\varepsilon_0 r^2}e_r,(R\leqslant r) \end{cases}$	$V = \begin{cases} \dfrac{q}{4\pi\varepsilon_0 R}\,(r\leqslant R) \\ \dfrac{q}{4\pi\varepsilon_0 r}\,(r>R) \end{cases}$
无限长带电直线(λ)	$E = \dfrac{\lambda}{2\pi\varepsilon_0 r}e_r$	
无限大带电平面两侧(σ)	$E = \dfrac{\sigma}{2\varepsilon_0}$	方向垂直无限大带电平面

　　2. 求电场强度 E 和电势 V 的方法

$$(1)\ \text{求解}\ E \begin{cases} \text{叠加法} \begin{cases} \text{点电荷系}: E = \sum_i E_i \\ \text{连续带电体}: E = \displaystyle\int \dfrac{\mathrm{d}q}{4\pi\varepsilon_0 r^2}e_r \end{cases} \\ \text{高斯定理法}: \displaystyle\oint_s E \cdot \mathrm{d}S = \dfrac{\sum_i q_i}{\varepsilon_0} \end{cases}$$

对于高度对称的带电体应用高斯定理求解时:

$$\begin{cases} 均匀带电球面/球体/球壳(电场分布球对称) \\ \quad(高斯面为球面) \\ 均匀带电无限长直线/圆柱体/圆柱面(电场分布轴对称) \\ \quad(高斯面为柱面) \\ 均匀带电无限大平面/平板(电场分布镜面对称) \\ \quad(高斯面为柱面) \end{cases}$$

（2）求解 V $\begin{cases} 叠加法 \begin{cases} 点电荷系:V = \sum_i V_i \quad (V_\infty = 0) \\ 电荷连续分布有限带电体: \\ \quad V = \int \dfrac{\mathrm{d}q}{4\pi\varepsilon_0 r} \quad (V_\infty = 0) \\ \end{cases} \\ 电势定义法:V_P = \int_P^{V=0位置} \boldsymbol{E} \cdot \mathrm{d}\boldsymbol{l} \end{cases}$

电势定义法一般用于电荷分布具有高度对称性的带电体.

3. 求解电场强度通量

$$\Phi_e = \int_S \boldsymbol{E} \cdot \mathrm{d}\boldsymbol{S}$$

4. 静电场的两个基本方程

高斯定理：$\oint_S \boldsymbol{E} \cdot \mathrm{d}\boldsymbol{S} = \dfrac{\sum_i q_i}{\varepsilon_0}$　　反映静电场是有源场

环路定理：$\oint_l \boldsymbol{E} \cdot \mathrm{d}\boldsymbol{l} = 0$　　反映静电场是保守场

5. 功与电势差的关系

$$W_{AB} = q \int_A^B \boldsymbol{E} \cdot \mathrm{d}\boldsymbol{l} = q(V_A - V_B) = qU_{AB} = -\Delta E_p$$

6. 电场强度和电势梯度的关系

$$\boldsymbol{E} = -\nabla V$$

习题 7

7-1　两个正点电荷 q_1 与 q_2 间距为 r，在引入另一点电荷 q_3 后，三个点电荷都处于平衡状态，求 q_3 的位置及大小.

7-2　如图所示，边长分别为 a 和 b 的矩形，其 A，B，C 三个顶点分别放置三个电荷量均为 q 的点电荷，试求中心 O 点电场强度的大小和方向.

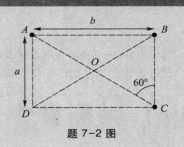

题 7-2 图

7-3 在正方形的 3 个顶点上放置有 3 个点电荷,其中 $q_1 = 1.0 \times 10^{-8}$ C,$q_2 = 2.8 \times 10^{-8}$ C,正方形边长 $a = 10$ cm,它们在此正方形的第 4 个顶点产生的电场强度 E 的方向如图所示. 求:

(1) 电荷 q_3 的值;(2) E 的值.

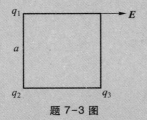

题 7-3 图

7-4 两条无限长平行直导线相距为 r_0,均匀带有等量异号电荷,电荷线密度为 λ.

(1) 求两导线构成的平面上任一点的电场强度(设该点到其中一条导线的距离为 x);

(2) 求每一根导线上单位长度导线受到另一根导线上电荷作用的电场力.

7-5 有两个点电荷的电荷量都是 $+q$,相距为 $2a$,今以左边的点电荷所在处为球心,以 a 为半径,作一球形高斯面. 在球面上取两块相等的小面积 S_1、S_2. 其位置如图所示. 设通过 S_1、S_2 的电场强度通量分别为 Φ_1、Φ_2,求 Φ_1 和 Φ_2 之间的关系. 通过整个球面的电场强度通量 Φ_3 又是多少?

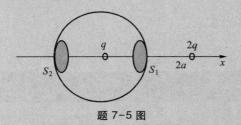

题 7-5 图

7-6 如图所示,一半径为 R 的半球面放在一均匀电场中,设电场强度方向恰好垂直于半球面的截面,如图所示,若电场强度大小为 E,求穿过球面的电场强度通量.

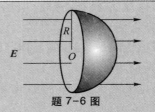

题 7-6 图

7-7 如图所示,有一立方体的闭合曲面,边长 $a = 0.1$ m,已知空间的场强分布为 $E = (200i + 300j + 100k)$ V/m,分别计算通过表面 I、II、III 的电场强度通量.

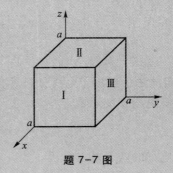

题 7-7 图

7-8 如图所示,一内外半径分别为 R_1、R_2 的均匀带电球壳,其上带有电荷的电荷量为 Q,若其球心处放一电荷量为 $-q$ 的点电荷,求空间的电场强度分布.

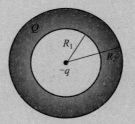

题 7-8 图

7-9 (1) 设地球表面附近的场强约为 200 V·m^{-1},方向指向地球中心,试求地球所带的总电荷量.

(2) 在离地面 1 400 m 高处,场强降为 20 V·m^{-1},方向仍指向地球中心,试计算在 1 400 m 下大气层里的平均电荷密度.

7-10 两无限长同轴圆柱面,半径分别为 R_1 和 $R_2(R_1 < R_2)$,带有等量异号电荷,单位长度的电荷量为 λ 和 $-\lambda$,求:(1) $r < R_1$;(2) $R_1 < r < R_2$;(3) $r > R_2$ 处各点的场强.

7-11 两个同心球面的半径分别为 R_1 和 R_2，各自带有电荷 Q_1 和 Q_2.

（1）求各区域电势分布，并画出分布曲线.

（2）两球面间的电势差为多少？

7-12 如图所示，在 A、B 两点处放有电荷量分别为 $+q$ 和 $-q$ 的点电荷，AB 间距离为 $2R$，现将另一正试验电荷 q_0 从 O 点经过半圆弧路径移到 C 点，求移动过程中电场力所做的功.

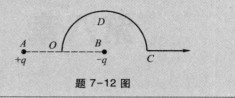

题 7-12 图

第七章习题参考答案

第八章 恒 定 磁 场

前面我们研究了静电场的性质与作用规律. 从本章起我们将研究磁场. 在运动电荷、电流和磁铁的周围都存在和电场类似的磁场. 磁场也是一种物质形态. 早在公元前 600 年前后,泰勒斯看到希腊人用磁铁矿石吸引铁片的现象. 在公元前 2500 年前后,中国古代就已经有人具有天然的磁石知识,并在公元前 1000 年前后发明了指南针. 磁现象具体的实验研究可追溯至 1820 年,丹麦的奥斯特发现了电流的磁效应:当电流通过导线时会引起导线近旁的小磁针偏转,这开拓了电磁学研究的新纪元,打开了电应用的新领域. 1837 年,惠斯通、莫尔斯发明了电动机,1876 年,美国的贝尔发明了电话. 迄今为止,电磁现象和科学技术、工程应用、人类生活都有着密切关系,它对人类社会的发展与进步起到了不可估量的重要作用.

8.1 磁场 磁感应强度

8.1.1 基本磁现象 磁场

磁现象的发现要早于电现象. 我国是世界上最早发现磁现象的国家,早在战国末年就有关于磁铁的记载,到北宋时,科学家沈括在《梦溪笔谈》中第一次明确地记载了指南针,并记载了以天然强磁体摩擦进行人工磁化制作指南针的方法. 指南针是我国古代的四大发明之一. 12 世纪初,我国已有关于指南针用于航海的明确记载. 指南针的发明为世界的航海业作出了巨大的贡献. 然而,在很长一段时间内,磁学和电学的研究一直处于相互独立发展的状态. 人们一直把磁现象和电现象看成彼此独立无关的两类现象. 早期人们曾认为电学和磁学是两类截然不同的现象. 直到 1820 年,丹麦科学家奥斯特发现了电流的磁效应,第一次揭示了磁与电存在着联系,从而把电学和磁学联系起来,并扩大了磁现象的应用范围. 图 8-1(a)给出了奥斯特实验的示意图,即通过电流的导线(也叫载流导线)附近的磁针会受到力的作用偏转. 同年,安培发现放在磁铁附近的载流导线或线圈也会因受到磁力作用而发生运动,而后又发现载流导线之间也会发生相互作用,图 8-1(b)和图 8-1(c)分别给出了磁铁对载流导线的作用以及载流导线之间的相互作用. 此外,磁极间的运动电荷也受到力的作用,如图 8-1(d)所示. 如电子射线管,当阴极和阳极分别接到高压电源的正极和负极上时,电子流将通过狭缝形成一束电子射线. 如果我们在电子射线管外面放一块磁铁,就可以看到电子射线的路径发生弯曲. 1822 年,安培由此提出了物质磁性本质的假说,即一切磁现象的根源是电流,构成物质的分子中都存在回路电流——分子电流. 20 世纪初,由于科学技术的进步和原子结构理论的建立和发展,人们进一步认识到磁现象起源于运动电荷,磁场也是物质的一种形式,磁力是运动电荷之间除静电力以外的另一种相互作用力,至此,人们发现磁现象和电现象之间有着密切的联系.

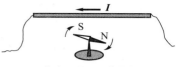

(a) 载流导线对磁针的作用

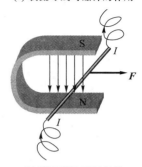

(b) 蹄形磁铁两极间的
载流导线受力运动

我们知道,静电场中静止电荷和静止电荷之间的相互作用是通过电场来传递的. 那么在磁场中,运动电荷和运动电荷、电流和电流、磁铁和磁铁及电流和磁铁之间的相互作用也是通过磁场来传递的:

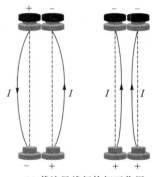

(c) 载流导线间的相互作用

需要强调的是,磁场和电场一样具有能量,是物质存在的一种形式.

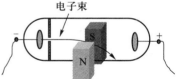

(d) 磁铁两极之间运动电荷的受力运动

图 8-1

8.1.2 磁感应强度

在静电场中,静止电荷受到电场力的作用,由此我们引入了电场强度 E 来定量地描述电场的性质. 在恒定磁场中,我们利用运动电荷在磁场中的受力,引入磁感应强度 B 来定量地描述磁场的性质.

根据运动电荷在磁场中的受力情况,如图 8-2 所示,我们规定:

(1)当电荷运动方向与磁场方向平行时,它不受磁力作用,

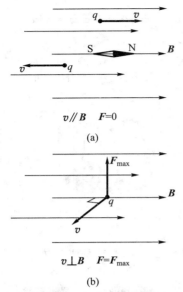

$v /\!/ B$　$F=0$

(a)

$v \perp B$　$F=F_{max}$

(b)

图 8-2　运动电荷在磁场中的受力情况

即 $F=0$，方向如图 8-2（a）所示，我们规定这一方向与磁场的方向平行．在磁场中某点，小磁针 N 极的受力方向，即小磁针静止时 N 极所指的方向，就是该点的磁场方向．

（2）当电荷运动方向与磁场方向垂直时，它所受磁场力最大，用 F_{max} 表示，如图 8-2（b）所示．最大磁场力与电荷的电荷量 q 和速度 v 的大小的乘积成正比，然而对磁场中某一定点来说，比值 $\dfrac{F_{max}}{qv}$ 是一定的．对于磁场中的不同位置，这个比值有不同的确定值．我们把这个比值规定为磁场中某点的磁感应强度 B 的大小，即

$$B = \frac{F_{max}}{qv} \tag{8-1}$$

应当指出，磁感应强度 B 是矢量，其方向由右手螺旋定则决定，其国际单位制单位名称是特斯拉，简称为特，符号为 T．根据磁感应强度的公式可得

$$1\ T=1\ N \cdot C^{-1} \cdot m^{-1} \cdot s=1\ N \cdot A^{-1} \cdot m^{-1}$$

如果磁场中某一区域内各点 B 的方向一致、大小相等，则该区域内的磁场就叫均匀磁场．T 是一个较大的单位，地球的磁场只有 $0.5 \times 10^{-4}\ T$，一般永磁体的磁场约为 $10^{-2}\ T$，而大型电磁铁能产生 $2\ T$ 的磁场．

8.1.3 磁感线

为了形象化地描述磁场分布情况，类似于用电场线形象地描述静电场，我们假想用一组曲线，即磁感线来描述磁场的分布．为此，我们规定：

（1）磁感线上任一点的切线方向与该点的磁感应强度 B 的方向一致；

（2）磁感线的密度表示 B 的大小，即通过某点处垂直于 B 的单位面积上的磁感线条数等于该点处 B 的大小．因此，B 大的地方，磁感线就密集；B 小的地方，磁感线就稀疏．

实验上可以利用细铁粉在磁场中的取向来模拟磁感线的分布．图 8-3 给出了几种不同形状的电流所产生的磁场的磁感线示意图．

从中我们发现磁感线的重要性质如下：

（1）任何磁场的磁感线都是不相交的闭合曲线，即磁场中每一点都只有一个磁场方向，因此任何两条磁感线都不会相交．

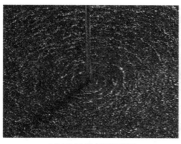
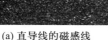

(a) 直导线的磁感线

(b) 通电螺线管的磁感线

图 8-3 几种不同形状的电流所产生磁场的磁感线

（2）每条磁感线都与形成磁场的电流回路互相套合着．磁感线的回转方向与电流方向之间的关系遵从右手螺旋定则．这是我们判断电流所产生磁场方向的重要方法．

均匀磁场：如果在磁场的某一区域，各点磁感应强度的大小和方向都相同，则这个区域的磁场就是均匀磁场．描绘均匀磁场的磁感线是疏密程度均匀并且互相平行的直线．

距离很近的两个平行的异名磁极间的磁场（如图 8-4 所示），通电长螺线管内部的磁场，均可视为均匀磁场．均匀磁场在电磁仪器和科学实验中常常用到．

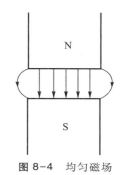

图 8-4 均匀磁场

8.2　毕奥-萨伐尔定律

8.2.1　毕奥-萨伐尔定律

19 世纪 20 年代，法国物理学家毕奥和萨伐尔两人首先用实验方法得到关于载有恒定电流的长直导线的磁感应强度公式，再由拉普拉斯通过分析而得到经验公式，即毕奥-萨伐尔定律．

在载流导线上沿电流方向取一恒定的电流元 $I\mathrm{d}\boldsymbol{l}$，它的方向就是该线元中电流的流向，如图 8-5 所示．毕奥-萨伐尔定律指出，电流元 $I\mathrm{d}\boldsymbol{l}$ 在真空中某点 P 所产生的磁感应强度 $\mathrm{d}\boldsymbol{B}$ 的大小与电流元的大小 $I\mathrm{d}l$ 成正比，与电流元 $I\mathrm{d}\boldsymbol{l}$ 和从电流元到 P 点的径矢 $\boldsymbol{r}$ 间的夹角 θ 的正弦 $\sin\theta$ 成正比，与电流元到 P 点的距离 r 的平方成反比．$\mathrm{d}\boldsymbol{B}$ 大小的表达式为

$$\mathrm{d}B = \frac{\mu_0 I\mathrm{d}l\sin\theta}{4\pi r^2} \tag{8-2}$$

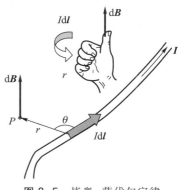

图 8-5 毕奥-萨伐尔定律

式中，$\dfrac{\mu_0}{4\pi}$ 为比例系数，μ_0 为真空磁导率，$\mu_0 = 4\pi \times 10^{-7}$ N · A^{-2}.

$\mathrm{d}\boldsymbol{B}$ 的方向垂直于 $I\mathrm{d}\boldsymbol{l}$ 和 $\boldsymbol{r}$ 所组成的平面，方向由右手螺旋定则确定（如图 8-5 所示）. 右手成握状，四指由 $I\mathrm{d}\boldsymbol{l}$ 方向沿小于 180° 角转向 $\boldsymbol{r}$ 时，大拇指所指的方向即 $\mathrm{d}\boldsymbol{B}$ 方向. 式(8-2)的矢量式可写成

$$\mathrm{d}\boldsymbol{B} = \frac{\mu_0}{4\pi} \frac{I\mathrm{d}\boldsymbol{l} \times \boldsymbol{e}_r}{r^2} \tag{8-3}$$

式中，$\boldsymbol{e}_r$ 为 $\boldsymbol{r}$ 的单位矢量. 毕奥-萨伐尔定律虽然不能由实验直接验证，但由这一定律出发而得出的一些结果都很好地和实验符合.

8.2.2 毕奥-萨伐尔定律应用举例

和电场一样，磁场也满足叠加原理. 由磁场叠加原理可知，要确定任意载有恒定电流的导线在某点的磁感应强度，可根据磁场满足叠加原理，由式(8-3)对整个载流导线积分，即得

$$\boldsymbol{B} = \oint_L \mathrm{d}\boldsymbol{B} = \oint_L \frac{\mu_0 I\mathrm{d}\boldsymbol{l} \times \boldsymbol{e}_r}{r^2} \tag{8-4}$$

值得注意的是，$\mathrm{d}\boldsymbol{B}$ 是一个矢量，一般来讲，载流导线上的每一个电流元在场点产生的磁感应强度的方向是不相同的，所以上式是矢量积分式. 因此我们在求解上式积分时，一般要把矢量转化为标量，即先求出 $\mathrm{d}\boldsymbol{B}$ 在各坐标轴上的分量式，即 $\mathrm{d}B_x$，$\mathrm{d}B_y$，$\mathrm{d}B_z$，对它们积分后，即得 $\boldsymbol{B}$ 的各分量，最后再求出 $\boldsymbol{B}$（$\boldsymbol{B} = B_x\boldsymbol{i} + B_y\boldsymbol{j} + B_z\boldsymbol{k}$）.

如果有 n 个载流导线，它们在空间某点 P 都产生各自的磁感应强度，设为 $\boldsymbol{B}_1$，$\boldsymbol{B}_2$，$\cdots$，$\boldsymbol{B}_n$，则这 n 个载流导线共同在 P 点产生的磁感应强度 $\boldsymbol{B}$ 等于每个载流导线单独存在时在 $\boldsymbol{B}$ 点产生的磁感应强度的矢量和：

$$\boldsymbol{B} = \boldsymbol{B}_1 + \boldsymbol{B}_2 + \cdots + \boldsymbol{B}_n = \sum_{i=1}^{n} \boldsymbol{B}$$

下面应用毕奥-萨伐尔定律和磁场叠加原理计算几种典型载流导线所产生的磁场.

1. 载流直导线的磁场

设有一长为 L 的载流直导线放在真空中，导线中电流为 I，现计算距离载流直导线为 r_0 的一点 P 处的磁感应强度 $\boldsymbol{B}$.

如图 8-6 所示，建立如图所示的直角坐标系，在直导线上任

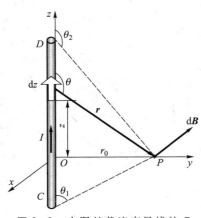

图 8-6   有限长载流直导线的 $\boldsymbol{B}$ 分布

取一电流元 Idl,根据毕奥-萨伐尔定律,电流元在给定点 P 处产生的磁感应强度的大小为

$$dB = \frac{\mu_0}{4\pi} \frac{Idz\sin\theta}{r^2}$$

dB 的方向垂直于电流元 Idl 与径矢 r 所决定的平面,在坐标系中垂直于 Oyz 平面,沿 x 轴负向. 由于导线上各个电流元在 P 点所产生的 dB 的方向相同,因此 P 点的总磁感应强度等于各电流元所产生的 dB 的代数和,即

$$B = \int_L dB = \int_L \frac{\mu_0}{4\pi} \frac{Idz\sin\theta}{r^2}$$

积分表达式中有 dz、r、θ 三个变量,需要把这三个变量统一成一个. 我们取径矢 r 与电流元之间的夹角 θ 为参变量. 直导线下端和场点 P 之间的连线与直导线之间的夹角为 θ_1,而直导线上端和场点 P 之间的连线与直导线延长线之间的夹角为 θ_2.

根据高等数学知识可得,$z = -r_0 \cot\theta$,$r = r_0/\sin\theta$,$dz = r_0 d\theta/\sin^2\theta$.

把以上各关系式代入前式中,取积分下限为 θ_1,上限为 θ_2,得

$$B = \frac{\mu_0 I}{4\pi r_0} \int_{\theta_1}^{\theta_2} \sin\theta d\theta = \frac{\mu_0 I}{4\pi r_0}(\cos\theta_1 - \cos\theta_2) \qquad (8-5)$$

讨论:

(1)从式(8-5)我们可以发现,在载流直导线及其延长线上的磁感应强度为零.

(2)如果载流导线是一无限长的直导线,那么可认为 $\theta_1 = 0$,$\theta_2 = \pi$,所以

$$B = \frac{\mu_0 I}{2\pi r_0} \qquad (8-6)$$

式(8-6)是无限长载流直导线在空间任意一点的磁感应强度的大小,这一结果与毕奥-萨伐尔的早期实验结果是一致的. 磁感应强度的方向和电流的方向构成右手螺旋关系,如图 8-7 所示,图中⊙表示电流垂直纸面流出,⊗表示电流垂直纸面流入.

(3)对于半无限长载流长直导线,可认为 $\theta_1 = 0$,$\theta_2 = \dfrac{\pi}{2}$,所以有

$$B = \frac{\mu_0 I}{4\pi r_0} \qquad (8-7)$$

式(8-7)是半无限长载流直导线在其一端平面内任意一点的磁感应强度的大小.

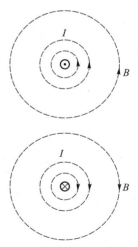

图 8-7　无限长载流直导线中电流和磁场的关系

2. 载流圆环

设有半径为 R 的圆形线圈上通有逆时针方向的电流 I，求圆心 O 处的磁感应强度.

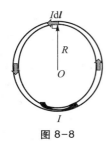

图 8-8

如图 8-8 所示，在圆环上任取一电流元 Idl，它到圆心 O 的位矢为 r，因 Idl 和 r 之间的夹角为 $\dfrac{\pi}{2}$，所以该电流元在圆心的磁感应强度 $d\boldsymbol{B}$ 的大小为

$$dB = \frac{\mu_0}{4\pi} \frac{Idl\sin\dfrac{\pi}{2}}{r^2} = \frac{\mu_0 Idl}{4\pi r^2} = \frac{\mu_0 Idl}{4\pi R^2}$$

$d\boldsymbol{B}$ 的方向垂直于纸面向外，由于所有电流元在 O 点的磁感应强度 $\boldsymbol{B}$ 的方向都相同，所以 O 点的磁感应强度 $\boldsymbol{B}$ 的大小等于各电流元在 O 点的 $d\boldsymbol{B}$ 的大小之和，即

$$B = \int_l \frac{\mu_0 Idl}{4\pi R^2} = \frac{\mu_0 I}{2R} \tag{8-8}$$

载流圆环中心 O 点的磁感应强度方向和电流构成右手螺旋关系.

应用叠加原理和毕奥-萨伐尔定律原则上可以计算任意形状载流导线产生的磁场，但是一般来讲，除了形状简单的载流导线外，这种方法是十分烦琐的，有时很难计算出结果，因此，在实际应用中，多采用实验的方法，或者安培环路定理（本书第 8.4 节）来计算载流导线的磁场分布.

例 8-1

两条平行的长直导线相距 40 cm，载有电流 5 A，电流方向相反，如图 8-9 所示. 计算在两条线间中点 P 处的磁感应强度. 若两条导线中的电流方向相同，P 点处的磁感应强度又如何？

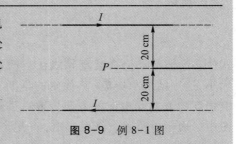

图 8-9 例 8-1 图

解：依据磁场叠加原理，两线间中点 P 处的磁感应强度 $\boldsymbol{B}$，等于两导线单独在此处产生的磁感应强度的矢量和，由无限长载流直导线电流和磁场的右手螺旋关系可知，两导线在 P 点产生的磁感应强度方向相同. 根据公式（8-6）可知

$$B = B_1 + B_2 = \frac{\mu_0 I}{2\pi r} + \frac{\mu_0 I}{2\pi r} = \frac{\mu_0 I}{\pi r}$$

$$= \frac{4\pi \times 10^{-7} \times 5}{\pi \times 0.2} \text{ T} = 1 \times 10^{-5} \text{ T}$$

若两导线内电流同向，由叠加原理得 $B = 0$.

例 8-2

真空中,求如图 8-10 所示的载流导线在 O 点产生的磁感应强度.

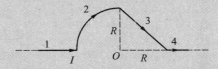

图 8-10 例 8-2 图

解: 根据磁场叠加原理,我们可以把载流导线分成 4 段,O 点处的磁感应强度 B 是 1、2、3 和 4 四部分电流产生的磁感应强度 B_1、B_2、B_3 和 B_4 的矢量叠加,即

$$B_O = B_1 + B_2 + B_3 + B_4$$

因为 O 点在第 1 段和第 4 段半无限长载流导线的延长线上,所以 $B_1 = B_4 = 0$.

根据公式(8-8),第 2 段导线,1/4 圆弧在圆心 O 点产生的磁感应强度的大小为 $B_2 = \dfrac{\mu_0 I}{8R}$,且方向由右手螺旋定则判定为垂直纸面向里.

根据公式(8-5),第 3 段有限长载流直导线在圆心 O 点产生的磁感应强度的大小为

$$B_3 = \frac{\mu_0 I}{4\pi \frac{\sqrt{2}}{2} R}(\cos 45° - \cos 135°) = \frac{\mu_0 I}{2\pi R}$$

方向由右手螺旋定则判定为垂直纸面向里.

由叠加原理得 $B_O = \dfrac{\mu_0 I}{8R} + \dfrac{\mu_0 I}{2\pi R}$,$B_O$ 方向垂直纸面向里.

8.3 磁场中的高斯定理

8.3.1 磁通量

通过前面模仿电场强度通量的定义,我们引入磁通量的概念,即通过磁场中任一曲面的磁感线总条数称为通过该曲面的磁通量,用 Φ 表示.

设在磁感应强度为 B 的均匀磁场中,有一个与磁场方向垂直的平面 S,如图 8-11(a)所示.因为磁感应强度在数值上等于穿过垂直于磁场方向的单位面积的磁感线条数,所以穿过面积 S 的磁通量为

$$\Phi = BS \tag{8-9}$$

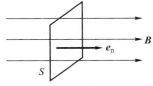

(a) 平面与磁场垂直

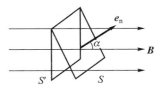

(b) 平面与磁场不垂直

图 8-11

若平面 S 不与磁场方向垂直,如图 8-11(b)所示,穿过 S 面积的磁感线条数等于穿过该面在垂直于磁场方向上的投影面 S' 的磁感线条数.设两个面的夹角为 α,那么穿过面积 S 的磁通

量为

$$\varPhi = BS\cos\alpha \qquad (8-10)$$

如果平面与磁场方向平行,这时 $\alpha = 90°$, $\cos\alpha = 0$,穿过该面的磁通量是零.

然而,很多情况下磁场并非均匀磁场.那么如何计算非均匀磁场中,穿过任意曲面 S 的磁通量?设在任意磁场中有一给定曲面 S,在曲面 S 上任取一面元 dS,其法线 $\boldsymbol{e}_n$ 的方向与磁场方向的夹角为 θ,如图 8-12 所示,则通过面元 dS 的磁通量为

$$d\varPhi = \boldsymbol{B}\cdot d\boldsymbol{S} = B\cos\theta dS \qquad (8-11)$$

磁通量是标量,因此通过整个曲面 S 的磁通量等于通过此面积上所有面元磁通量的积分,即

$$\varPhi = \int_S d\varPhi = \int_S \boldsymbol{B}\cdot d\boldsymbol{S} = \int_S B\cos\theta dS \qquad (8-12)$$

值得注意的是,尽管磁通量是标量,但是它有正、负之分.磁通量的单位名称为韦伯,符号为 Wb,1 Wb = 1 T·m².

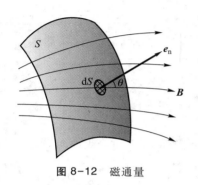

图 8-12　磁通量

8.3.2 磁场中的高斯定理

当有限面为闭合曲面时,根据数学上的规定,垂直于曲面向外的指向为法线 $\boldsymbol{e}_n$ 的正方向.因此磁感线从闭合曲面穿出时的磁通量为正值$\left(\theta < \dfrac{\pi}{2}\right)$,磁感线穿入闭合曲面时的磁通量为负值$\left(\theta > \dfrac{\pi}{2}\right)$,如图 8-13 所示.

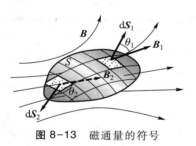

图 8-13　磁通量的符号

从磁感线的性质来看,任何磁场的磁感线都是无头无尾的闭合曲线,所以穿入闭合曲面的磁感线数必然等于穿出闭合曲面的磁感线数,即有多少磁感线进入曲面,就有多少磁感线穿出曲面,因此,通过磁场中任一闭合曲面的总磁通量恒等于零,即

$$\varPhi = \oint_S d\varPhi = \oint_S \boldsymbol{B}\cdot d\boldsymbol{S} = 0 \qquad (8-13)$$

这就是磁场中的高斯定理.它不仅对恒定磁场适用,而且对非恒定磁场也适用.

静电场的高斯定理表明了静电场是有源的场,电场线总是起始于正电荷,终止于负电荷,它们永远不会形成闭合曲线.磁场的高斯定理表明磁场是无源场,磁感线是闭合曲线,没有起点和终点.这说明了恒定磁场与静电场是性质不同的两种场.

例 8-3

如图 8-14 所示,有一均匀磁场,方向沿 x 轴正向.求通过:(1) $abcd$ 面的磁通量;(2) $befc$ 面的磁通量;(3) $adfe$ 面的磁通量.

解:(1)通过 $abcd$ 面的磁通量为

$$\Phi_{abcd} = BS\cos\pi = -BS$$

(2)通过 $befc$ 面的磁通量为

$$\Phi_{befc} = BS\cos 90° = 0$$

(3)通过 $adfe$ 面的磁通量:

对整个闭合面而言,处于均匀磁场中,则穿过闭合曲面的磁通量为 0.另一方面,三棱柱体 abe 面和 dcf 面的面法线方向与磁感应强度的方向垂直,因此穿过这两个面的

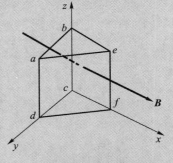

例 8-14 例 8-3 图

磁通量均为零.由此,可以推导出:

$$\Phi_{adfe} = BS$$

例 8-4

真空中一无限长直导线,通以电流 I,在其近旁有一与之共面的矩形回路,且一边与直导线平行,如图 8-15 所示.求通过矩形面的磁通量.

解:由于无限长载流导线在矩形面上各点所产生的磁感应强度 $\boldsymbol{B}$ 的大小随距离不同而不同,所以对磁通量的计算需要采用微元法.建立如图所示的坐标系,将矩形面积划分成无限多与直导线平行的细长条面积元 $dS = l\,dx$,在距离坐标原点为 x 的位置,取一面积元 dS,dS 上各点 $\boldsymbol{B}$ 的大小视为相等,$\boldsymbol{B}$ 的方向垂直纸面向里.取 $d\boldsymbol{S}$ 的方向也垂直纸面向里,则

$$d\Phi = B\,dS = \frac{\mu_0 I}{2\pi x}l\,dx$$

则通过整个矩形面积的磁通量为

$$\Phi = \int_S \boldsymbol{B}\cdot d\boldsymbol{S} = \frac{\mu_0 Il}{2\pi}\int_{d_1}^{d_2}\frac{dx}{x} = \frac{\mu_0 Il}{2\pi}\ln\frac{d_2}{d_1}$$

这个例题表明,根据毕奥-萨伐尔定

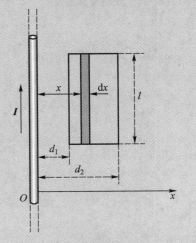

图 8-15 例 8-4 图

律,电流 I 在空间任意一点产生的磁感应强度都与 I 成正比,因而通过回路所围面积的磁通量也与 I 成正比.这一结论普遍适用于各种电流和任意形状的回路.

8.4 安培环路定理

静电场中的环路定理 $\oint_l \boldsymbol{E} \cdot \mathrm{d}\boldsymbol{l} = 0$，反映了静电场的一个重要特征——静电场是保守场。与此类似，我们可以通过计算真空中磁感应强度 $\boldsymbol{B}$ 的环流 $\oint_l \boldsymbol{B} \cdot \mathrm{d}\boldsymbol{l}$ 是否为零，来探讨恒定电流磁场的性质。

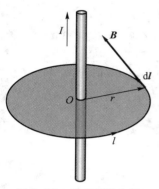

图 8-16 安培环路定理

为简单起见，下面从特例计算环流 $\oint_l \boldsymbol{B} \cdot \mathrm{d}\boldsymbol{l}$ 的值，设真空中有一长直无限长载流导线，电流为 I。为计算简单，我们在垂直于长直载流导线的平面内，任取一以载流导线为圆心、半径为 r 的圆形环路 l 的闭合回路，环路方向与电流方向构成右手螺旋关系，如图 8-16 所示。因为无限长载流导线产生的磁场是一组以导线为轴线的同轴圆，因此在这圆形回路上的磁感应强度的大小为 $B = \dfrac{\mu_0 I}{2\pi r}$，其方向与圆周相切。因为回路的绕行方向与该条磁感线方向相同，则 $\boldsymbol{B}$ 与 $\mathrm{d}\boldsymbol{l}$ 间的夹角处处为零，于是

$$\oint_l \boldsymbol{B} \cdot \mathrm{d}\boldsymbol{l} = \oint_l B\cos 0° \mathrm{d}l = \frac{\mu_0 I}{2\pi r}\oint_l \mathrm{d}l = \frac{\mu_0 I}{2\pi r}\times 2\pi r = \mu_0 I$$

$$(8-14)$$

式(8-14)说明磁感应强度 $\boldsymbol{B}$ 的环流等于闭合路径所包围的电流与真空磁导率的乘积，而与积分路径的圆半径 r 无关。

如果积分路径的绕行方向改变，则每个线元 $\mathrm{d}\boldsymbol{l}$ 与 $\boldsymbol{B}$ 的夹角 $\theta = \pi$，则

$$\oint_l \boldsymbol{B} \cdot \mathrm{d}\boldsymbol{l} = \oint_l B\cos \pi \mathrm{d}l = -\frac{\mu_0 I}{2\pi r}\oint_l \mathrm{d}l = -\frac{\mu_0 I}{2\pi r}\times 2\pi r = -\mu_0 I$$

$$(8-15)$$

式(8-15)说明积分路径的绕行方向与所包围的电流方向呈左手螺旋关系，该积分结果中电流取负值。

虽然式(8-14)和式(8-15)两式结果是从特例推出的，但是可以证明：对于任意形状的载流导线以及任意形状的闭合路径，上述两式仍成立。应当指出，如果闭合回路不包围载流导线，上述积分将等于零，即 $\oint_l \boldsymbol{B} \cdot \mathrm{d}\boldsymbol{l} = 0$。

在一般情况下，如果闭合路径内有 n 根电流为 $I_i(i = 1, 2, \cdots, n)$ 的载流导线，根据磁场的叠加原理，则上式应为

$$\oint_l \boldsymbol{B} \cdot \mathrm{d}\boldsymbol{l} = \mu_0 \sum_{i=1}^n I_i \qquad (8\text{-}16)$$

这表明,在真空中的恒定电流磁场中,磁感应强度 $\boldsymbol{B}$ 沿任意闭合回路的线积分,等于该闭合回路所包围的电流代数和乘以 μ_0. 这一结论称为真空中恒定电流磁场的安培环路定理.

值得强调的是:

(1)式(8-15)中的电流有正负之分,电流的正负规定如下:当穿过回路的电流方向与回路方向呈右手螺旋关系时,I 取正值,如图 8-17(a)所示;反之,I 取负值,如图 8-17(b)所示.

(2)回路上各点的磁感应强度 $\boldsymbol{B}$ 是空间所有电流(回路内外)在回路上产生的磁感应强度的矢量和.

如图 8-18 所示,多根载流导线的情况下,电流 $I_2>0$(右手螺旋关系),电流 $I_3<0$(左手螺旋关系),I_1 不穿过回路,则式(8-16)右侧不计入 I_1,在图 8-17 所示的情况下,安培环路定理表示为

$$\oint_l \boldsymbol{B} \cdot \mathrm{d}\boldsymbol{l} = \mu_0(I_2 - I_3)$$

(3)如果 $\oint_l \boldsymbol{B} \cdot \mathrm{d}\boldsymbol{l} = 0$,则只能说明回路所包围的电流的代数和为零,或者磁感应强度 $\boldsymbol{B}$ 沿回路的积分为零,而不能说明闭合回路上各点的磁感应强度 $\boldsymbol{B}$ 一定为零.

安培环路定理说明了恒定磁场与静电场之间的区别. 静电场中,电场力做功与路径无关,或者说静电场沿闭合回路的积分等于零,这说明静电场是保守场. 式(8-16)中,恒定磁场沿闭合回路的积分不为零,这说明恒定磁场是非保守场,相应的磁场力不是保守力.

安培环路定理适用范围:计算一些具有一定对称性的电流分布的磁感应强度. 计算步骤如下:首先分析电流的对称性,在此基础上分析磁场的对称性;然后根据磁场的对称性和特征,设法找到满足上述条件的积分路径;最后应用安培环路定理求磁感应强度.

下面举例说明安培环路定理的应用.

1. 长直载流螺线管内的磁场

设螺线管长为 l,直径为 D,且 $l \gg D$. 导线均匀密绕在管的圆柱面上,单位长度上的匝数为 n,导线中的电流为 I.

对称性分析:可将长直密绕载流螺线管看成由无穷多个共轴的载流圆环构成,其周围磁场是各匝圆电流所激发磁场的叠加结果. 在长直载流螺线管的中部任选一点 P,在 P 点两侧对称地选

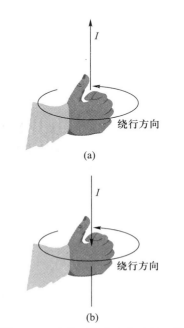

图 8-17 安培环路定理电流的取值

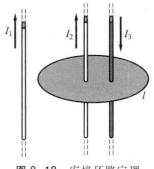

图 8-18 安培环路定理

择两匝圆电流,由圆电流的磁场分布可知二者磁场叠加的结果,磁感应强度 **B** 的方向与螺线管的轴线方向平行,如图 8-19(a) 所示.

由于 $l \gg D$,则长直螺线管可以看成是无限长的,因此在 P 点两侧可以找到无穷多匝对称的圆电流,它们在 P 点的磁场叠加结果与图 8-19(a) 相似. 由于 P 点是任选的,因此可以推知长直载流螺线管内各点磁场的方向均沿轴线方向,且分布是均匀的,方向可按右手螺旋定则判定;而在管的中央部分外侧,磁场很微弱,可忽略不计,即 $B=0$,如图 8-19(b) 所示.

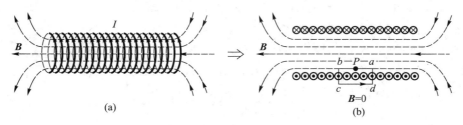

图 8-19 长直载流螺线管内的磁场

选择如图 8-19(b) 所示的过管内任意场点 P 的一矩形闭合曲线 $abcda$ 为积分路径 l. 回路方向为逆时针方向,则环路 ab 段的 dl 方向与磁场 **B** 的方向一致,在环路 cd 段上,$B=0$;在环路 bc 段和 da 段上,管内部分 **B** 与 dl 垂直,管外部分 $B=0$. 因此,沿此闭合路径 l 的积分可写为

$$\oint_l \boldsymbol{B} \cdot \mathrm{d}\boldsymbol{l} = \int_{ab} \boldsymbol{B} \cdot \mathrm{d}\boldsymbol{l} + \int_{bc} \boldsymbol{B} \cdot \mathrm{d}\boldsymbol{l} + \int_{cd} \boldsymbol{B} \cdot \mathrm{d}\boldsymbol{l} + \int_{da} \boldsymbol{B} \cdot \mathrm{d}\boldsymbol{l} = B|ab|$$

螺线管上单位长度内有 n 匝线圈,通过每匝线圈的电流是 I,则闭合路径所围绕的总电流为 $n \cdot |ab| \cdot I$,根据右手螺旋定则,电流取正,则由安培环路定理可得

$$B \cdot |ab| = \mu_0 n |ab| I$$

故得

$$B = \mu_0 n I \tag{8-17}$$

由此我们得到,对于无限长密绕螺线管,其内部的磁感应强度处处相同,即其磁场为均匀磁场,外部靠近管壁的空间磁感应强度为零.

2. 环形载流螺线管(常称螺绕环)内外的磁场

均匀密绕在环形管上的圆形线圈称为载流螺绕环,设其中通有电流 I,并设总匝数为 N(见图 8-20).

接下来我们对螺绕环的磁场进行对称性分析,由于线圈绕得很密,每一匝线圈相当于一个圆形电流,可以认为磁场几乎全部

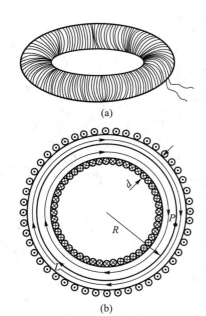

图 8-20 环形载流螺绕环内外的磁场

集中在管内,由于整个电流的分布具有中心轴对称性,因而磁场的分布具有轴对称性,管内的磁感线都是同心圆. 在同一磁感线上,磁感应强度 **B** 的大小相等,方向就是该圆形磁感线的切线方向,如图 8-20(b)剖面图所示.

在图 8-20(b)中,在螺绕环内取过 P 点的闭合环路 L,方向为顺时针方向,它与穿过回路的电流构成右手螺旋关系,根据安培环路定理电流取正,则有

$$\oint_L \boldsymbol{B} \cdot \mathrm{d}\boldsymbol{l} = 2\pi RB = \mu_0 NI$$

得

$$B = \frac{\mu_0 NI}{2\pi R}$$

可见,螺绕环内任意点处的磁感应强度随到环心的距离而变,即螺绕环内的磁场是不均匀的.

用 R_0 表示螺绕环的平均半径,当 $2R_0 \geqslant d$ 时,可近似认为环内任一与环共轴的同心圆的半径 $r \approx R$,则上式可变换为

$$B = \mu_0 \frac{N}{2\pi R_0} I = \mu_0 \frac{N}{L} I = \mu_0 nI$$

式中,$n = N/2\pi R$ 为环上单位长度所绕的匝数. 因此,当螺绕环的平均半径比环的内外半径之差大得多时,管内的磁场可视为均匀的,则其计算公式与长直螺线管相同.

8.5 磁场对运动电荷的作用

带电粒子在磁场中运动时受到磁场的作用力,这种磁场对运动电荷的作用力称为洛伦兹力.

实验发现,运动的带电粒子在磁场中某点受到的洛伦兹力 **F** 的大小与粒子所带电荷量 q、粒子运动速度 **v** 的大小、该点处磁感应强度 **B** 的大小以及 **B** 与 **v** 之间夹角 θ 的正弦成正比. 在国际单位制中,洛伦兹力 **F** 的大小为

$$F = qvB\sin\theta \tag{8-18}$$

洛伦兹力 **F** 的方向垂直于 **v** 和 **B** 构成的平面,其指向由右手螺旋定则确定,即右手四指由 **v** 经小于 180° 的角弯向 **B**,拇指的指向就是正电荷($q > 0$)所受洛伦兹力的方向;对于负电荷($q < 0$),**F** 的方向与正电荷受力方向相反,如图 8-21 所示. 洛伦兹力 **F** 的矢量式为

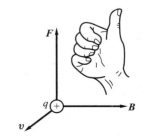

图 8-21 磁场对运动电荷的作用力

$$\boldsymbol{F} = q\boldsymbol{v} \times \boldsymbol{B} \qquad (8-19)$$

由于运动电荷在磁场中所受洛伦兹力的方向始终与运动电荷的速度垂直,所以洛伦兹力只能改变运动电荷的速度方向,不能改变运动电荷速度的大小. 也就是说洛伦兹力只能使运动电荷的运动方向发生改变,但对运动电荷不做功.

下面我们来看一下带电粒子在均匀磁场中的运动:

(1)当带电粒子以速度 $\boldsymbol{v}$ 平行于磁场方向进入均匀磁场 $\boldsymbol{B}$ 时,$\boldsymbol{v}$ 与 $\boldsymbol{B}$ 之间的夹角 $\theta=0$ 或 $\theta=\pi$,则洛伦兹力 $\boldsymbol{F}=0$,带电粒子将做匀速直线运动.

(2)当带电粒子以速度 $\boldsymbol{v}$ 垂直地进入均匀磁场 $\boldsymbol{B}$ 时,$\boldsymbol{v}$ 与 $\boldsymbol{B}$ 的夹角 $\theta=\dfrac{\pi}{2}$,则运动电荷所受的洛伦兹力最大,$\boldsymbol{F}=\boldsymbol{F}_{\max}=qvB$,如图 8-22 所示. 此时带电粒子将在 $\boldsymbol{F}$ 与 $\boldsymbol{v}$ 所组成的平面内做匀速圆周运动,洛伦兹力提供了粒子做圆周运动的向心力,由牛顿第二定律 $F=ma$,得

$$qvB = \frac{mv^2}{R} \qquad (8-20)$$

即粒子做圆周运动的轨道半径(又称为回旋半径)为

$$R = \frac{mv}{qB} \qquad (8-21)$$

我们看到,对于给定的带电粒子,当它在均匀磁场中运动时,粒子的速度越大,其圆周运动的轨道半径就越大.

粒子在圆周轨道上绕行一周的时间(即回旋周期)为

$$T = \frac{2\pi R}{v} = \frac{2\pi m}{qB} \qquad (8-22)$$

周期的倒数:

$$\nu = \frac{1}{T} = \frac{qB}{2\pi m} \qquad (8-23)$$

ν 表示粒子在单位时间内的回旋次数,也称为粒子在磁场中的回旋频率.

上面两式表明,粒子的回旋频率与它的速度和轨道半径无关,仅决定于它的荷质比 $\dfrac{q}{m}$ 以及磁感应强度的大小 B.

(3)当带电粒子初速度 $\boldsymbol{v}$ 与磁场 $\boldsymbol{B}$ 有任意夹角 θ 时,如图 8-23 所示,将速度 $\boldsymbol{v}$ 分解为与 $\boldsymbol{B}$ 平行及垂直的两个分量,即

$$\boldsymbol{v} = \boldsymbol{v}_x + \boldsymbol{v}_y \qquad (8-24)$$

其中,

$$v_x = |\boldsymbol{v}_x| = v\cos\theta \qquad (8-25)$$

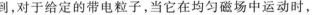

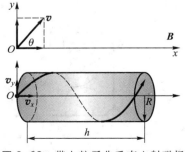

图 8-22 带电粒子垂直进入磁场

图 8-23 带电粒子非垂直入射磁场

$$v_y = |\boldsymbol{v}_y| = v\sin\theta \qquad (8-26)$$

由于在与磁场平行的方向上,粒子没有受到作用力,因此,粒子在磁场力中做螺旋线运动.

其中,螺旋运动的半径为

$$R = \frac{mv_y}{qB} \qquad (8-27)$$

螺旋周期为

$$T = \frac{2\pi m}{qB} \qquad (8-28)$$

螺距为

$$d = v_x T = v\cos\theta\,\frac{2\pi m}{qB} \qquad (8-29)$$

带电粒子在均匀磁场中的螺旋运动被广泛应用于"磁聚焦"技术.

带电粒子在磁场中的应用举例:

1. 质谱仪

如图 8-24 所示,质谱仪可以用来检测元素的同位素.

带电粒子经过速度选择器后,将受到电场力和洛伦兹力的共同作用,只有满足受力平衡条件的粒子,才能够穿过速度选择器,其他的粒子将落在速度选择器的两个板上,即

$$qE = qvB$$

则

$$v = \frac{E}{B} \qquad (8-30)$$

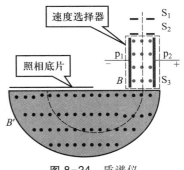

图 8-24 质谱仪

满足上述速率的粒子,接下来将进入 $\boldsymbol{B}'$ 的均匀磁场空间,做匀速率圆周运动,由式(8-30)可知,粒子的回旋半径为

$$R = \frac{mv}{qB'}$$

即

$$m = \frac{qB'R}{v} \qquad (8-31)$$

结合式(8-30)和式(8-31)可知,当电场和磁场一定时,粒子的质量和它做圆周运动的半径成正比,不同质量的带电粒子进入磁场,落在感光板不同位置上,形成若干线状谱的细条纹,每一条纹相当于一定质量的粒子.由条纹的位置可以确定同位素的质量,由谱线的黑度可以确定同位素的相对含量.

*2. 霍耳效应

1879 年霍耳发现,在通有电流的金属板上加一均匀磁场,当

电流的方向与磁场的方向垂直时,在与电流和磁场垂直的金属板的两表面间出现电势差,如图 8-25 所示,这一现象称为霍耳效应.所出现的电势差称为霍耳电势差,也叫霍耳电压.

图 8-25 霍耳效应

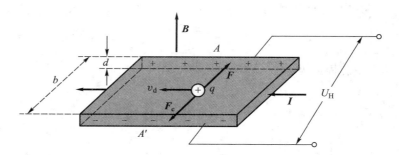

霍耳效应可以用带电粒子在磁场中运动时受到洛伦兹力的作用来解释.导体中电流是载流子定向运动形成的.如果做定向运动的带电粒子是正电荷,则它所受到的洛伦兹力 $\boldsymbol{F}$ 如图 8-25 所示,结果导致导体的上表面 A 聚集正电荷,下表面 A' 聚集负电荷,在两表面之间产生方向向下的电场,这个电场会对电荷施加一个与洛伦兹力方向相反的电场力 $\boldsymbol{F}_e$.随着电荷的不断累积,这个电场越来越大,电场力也越来越大,当电场力和洛伦兹力的值相等时,此时导体内部的载流子达到了动态平衡,这时两表面之间有稳定的霍耳电压.

设导体中载流子电荷量为 q,数密度为 n,漂移速率为 v_d,则

$$I = qnv_d S = qnv_d bd \tag{8-32}$$

它们在磁场中受到的洛伦兹力大小为 $F = qv_d B$.导体内部产生的附加电场对它们的作用力为 $F_e = qE_H$,当载流子所受洛伦兹力和电场力平衡时,可得

$$qE_H = qv_d B$$

$$E_H = v_d B$$

则导体上下表面的电势差(霍耳电压)为

$$U_H = v_d Bb \tag{8-33}$$

将式(8-32)代入式(8-33)可得

$$U_H = \frac{IB}{nqd} \tag{8-34}$$

$R_H = \dfrac{1}{nq}$ 称为霍耳系数,它与载流子数密度和电荷的正负性质有关.

在金属导体中,由于自由电子的数密度很大,因而金属导体的霍耳系数很小,相应的霍耳电压也很弱.半导体中的载流子数密度要小很多,所以半导体材料的霍耳系数要比金属的大很多,

能产生较大的霍耳电势差．这对于研究半导体材料的性质,例如
导电的类型——是电子还是空穴,载流子数密度随温度、杂质等
因素的变化情况等提供了有力的手段．此外,还可以利用半导体
材料制成霍耳元件来测量磁场、电流等．

8.6 磁场对载流导线的作用

　　载流导线在磁场中受到的磁场力称为安培力．安培最早用
实验方法研究了电流和电流之间的磁场力并总结出:放在磁场中
某点处的电流元 Idl 所受到的磁场作用力 $d\boldsymbol{F}$ 的大小和该点处的
磁感应强度 $\boldsymbol{B}$ 的大小、电流元的大小 Idl 以及电流元 Idl 和磁感
应强度 $\boldsymbol{B}$ 所成的角 θ 的正弦成正比,即

$$dF = kBIdl\sin\theta$$

$d\boldsymbol{F}$ 的方向垂直于 Idl 和 $\boldsymbol{B}$ 所决定的平面,与矢积 $Idl\times\boldsymbol{B}$ 的方向相
同,如图 8-26 所示．如果式中的物理量全部取国际单位制单位,
即 B 的单位用 T(特斯拉), I 的单位用 A(安培), dl 的单位用
m(米), dF 的单位用 N(牛顿),则比例系数 $k = 1$. 上式的矢量表
达式为

$$d\boldsymbol{F} = Idl\times\boldsymbol{B} \qquad (8-35)$$

式(8-35)称为安培定律．

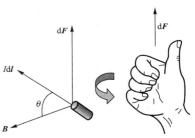

图 8-26　安培力

　　安培定律给出的是载流导线上一个电流元所受的磁场力,因
此不能直接用实验进行验证．但是,任何有限长的载流导线 L 在
磁场中所受的磁场力 $\boldsymbol{F}$ 应等于导线 L 上各个电流元所受磁场力
$d\boldsymbol{F}$ 的矢量积分,即

$$\boldsymbol{F} = \int_L Idl\times\boldsymbol{B} \qquad (8-36)$$

　　安培力是运动电荷在磁场中所受洛伦兹力的宏观表现．导
体中的电流是大量电子做宏观定向运动形成的．当载流导体处
于磁场中时,其中每个运动着的电子都要受到洛伦兹力的作用,
作用于所有电子的洛伦兹力的总和,在宏观上就表现为导体所受
到的安培力．

　　需要指出的是,式(8-36)是一个矢量积分,如果载流导线上
各个电流元所受磁场力 $d\boldsymbol{F}$ 的方向各不相同,则式(8-36)的矢量
积分不能直接计算．这时应选取适当的坐标系,先将 $d\boldsymbol{F}$ 沿各坐
标轴分解成分量,然后对各个分量进行标量积分,即 $F_x = \int_L dF_x,$

$$F_y = \int_L \mathrm{d}F_y , F_z = \int_L \mathrm{d}F_z ,\text{最后再求出合力}.$$

例 8-5

如图 8-27 所示,在磁感应强度大小为 0.5 T 的均匀磁场中,有一段长 20 cm 并与磁场方向成 30°角放置的直导线. 当直导线中有 10 A 电流通过时,求直导线所受的磁场力的大小和方向.

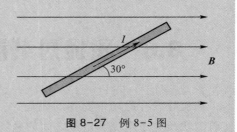

图 8-27   例 8-5 图

解: 由安培定律得直导线所受磁场力为

$$F = BIL\sin\theta = 0.4 \times 10 \times 0.2 \times \frac{1}{2}\ \text{N} = 0.4\ \text{N}$$

由右手螺旋定则可知,力的方向垂直于 $\boldsymbol{B}$ 和 $I\mathrm{d}\boldsymbol{l}$ 所决定的平面,且垂直纸面向里.

例 8-6

求如图 8-28 所示不规则的平面载流导线在均匀磁场中所受的力,已知磁感应强度 $\boldsymbol{B}$ 和载流导线的电流 I.

解: 取如图所示的一段电流元 $I\mathrm{d}\boldsymbol{l}$,由于每个电流元上的 $\mathrm{d}\boldsymbol{F}$ 方向不相同,因此我们可以将 $\mathrm{d}\boldsymbol{F}$ 沿 x,y 方向进行分解:

$$\mathrm{d}F_x = -\mathrm{d}F\sin\theta = -BI\mathrm{d}l\sin\theta$$
$$\mathrm{d}F_y = \mathrm{d}F\cos\theta = BI\mathrm{d}l\cos\theta$$

分别对上面两式进行积分:

$$F_x = \int \mathrm{d}F_x = -BI \int_0^0 \mathrm{d}y = 0$$
$$F_y = \int \mathrm{d}F_y = BI \int_0^l \mathrm{d}x = BIl$$

所以

$$\boldsymbol{F} = BIl\boldsymbol{j}$$

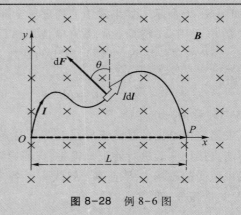

图 8-28   例 8-6 图

从上述结果可以得出一个结论:任意平面载流导线在均匀磁场中所受的力与其始点和终点相同的载流直导线所受的磁场力相同.

例 8-7

如图 8-29 所示,载流长直导线 L_1 通有电流 I_1,另一载流直导线 L_2 与 L_1 共面且正交,通有电流 I_2. L_2 的左端与 L_1 相距 d,求导线 L_2 所受的安培力.

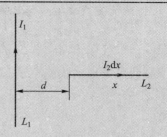

图 8-29 例 8-7 图

解: 长直载流导线 L_1 所产生的磁感应强度 $\boldsymbol{B}$ 在 L_2 处的方向虽都是垂直纸面向里,但它的大小沿 L_2 逐点不同. 要计算 L_2 所受的力,我们需要采用积分,在 L_2 上距 L_1 为 x 处任意取一线元 $\mathrm{d}x$,在电流元 $I_2\mathrm{d}x$ 的微小范围内,$\boldsymbol{B}$ 可看成常量,它的大小为

$$B = \frac{\mu_0 I_1}{2\pi x}$$

任一电流元 $I_2\mathrm{d}x\boldsymbol{i}$ 都与磁感应强度 $\boldsymbol{B}$ 垂直,即 $\theta = \dfrac{\pi}{2}$,所以电流元受力的大小为

$$\mathrm{d}F = I_2 B\mathrm{d}x\sin\frac{\pi}{2} = \frac{\mu_0 I_1}{2\pi x}I_2\mathrm{d}x$$

根据矢积 $I\mathrm{d}\boldsymbol{l}\times\boldsymbol{B}$ 的方向可知,电流元受力的方向垂直 L_2 向上. 由于所有电流元受力方向都相同,所以 L_2 所受的力 $\boldsymbol{F}$ 的大小是各电流元受力大小的和,可用标量积分直接计算,即

$$F = \int \mathrm{d}F = \int_d^{d+l_2} \frac{\mu_0 I_1 I_2}{2\pi x}\mathrm{d}x = \frac{\mu_0 I_1 I_2}{2\pi}\ln\frac{d+L_2}{d}$$

方向垂直 L_2 向上.

例 8-8

如图 8-30 所示,设有两根相互平行的载流长直导线,相距为 d,分别通有方向相同的电流 I_1,I_2. 求两根导线单位长度上的受力.

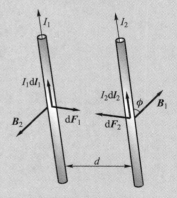

图 8-30 例 8-8 图

解: 两导线间的相互作用力实际上是其中一个电流的磁场对另一电流的作用力. 在导线 2 上任取一电流元 $I_2\mathrm{d}l_2$,根据安培定律,该电流元受力大小为

$$\mathrm{d}F_2 = B_1 I_2\mathrm{d}l_2$$

式中,B_1 是电流为 I_1 的无限长载流导线在 $I_2\mathrm{d}l_2$ 处产生的磁感应强度的大小,有

$$B_1 = \frac{\mu_0 I_1}{2\pi d}$$

由此可得

$$\mathrm{d}F_2 = B_1 I_2\mathrm{d}l_2 = \frac{\mu_0 I_1 I_2\mathrm{d}l_2}{2\pi d}$$

$\mathrm{d}\boldsymbol{F}_2$ 的方向在平行两导线所在的平面内,垂直于导线 2,并指向导线 1. 由于导线 2 上任

一电流元所受力的大小、方向均相同,因此可得载流导线 2 上单位长度受力的大小:

$$\frac{dF_2}{dl_2} = \frac{\mu_0 I_1 I_2}{2\pi d} \qquad (8-37\ a)$$

同理,可推导出载流导线 1 上单位长度受力大小为

$$\frac{dF_1}{dl_1} = \frac{\mu_0 I_1 I_2}{2\pi d} \qquad (8-37\ b)$$

根据安培定理可以判断出,两个同向电流间通过磁场作用互相吸引,两个反向电流间则相互排斥.

在国际单位制中,电流的单位安培就是利用式(8-37 a)和式(8-37b)来定义的,即在真空中两无限长平行直导线相距 1 m,通有大小相等、方向相同的电流,当两导线每单位长度上的吸引力为 2×10^{-7} N·m^{-1} 时,规定这时导线上的电流各为 1 A(安培).根据这一规定,由上式可推断出

$$\mu_0 = 4\pi\times10^{-7}\ \text{N}\cdot\text{A}^{-2}$$

这就是毕奥-萨伐尔定律中真空磁导率量值的由来.

本章提要

阅读材料

掌握描述磁场的物理量——磁感应强度的概念,理解它是矢量函数.理解毕奥-萨伐尔定律,能利用它计算一些简单问题中的磁感应强度.理解恒定磁场的高斯定理和安培环路定理.理解用安培环路定理计算磁感应强度的条件和方法.理解洛伦兹力和安培力的公式,能分析电荷在均匀电场和磁场中的受力和运动.能计算简单几何形状载流导体在均匀磁场中或在无限长载流直导线产生的非均匀磁场中所受的力和运动.

一、恒定磁场 $\boldsymbol{B}$ 的求解

1. 毕奥-萨伐尔定律 $d\boldsymbol{B} = \frac{\mu_0}{4\pi}\frac{I d\boldsymbol{l}\times\boldsymbol{e}_r}{r^2}$

2. 安培环路定理(求 $\boldsymbol{B}$ 条件为闭合电流有特殊对称性)

$$\oint_l \boldsymbol{B}\cdot d\boldsymbol{l} = \mu_0\sum I \begin{cases} \text{长直载流(直线、圆柱面/体/筒、电缆)的磁场.} \\ \text{长直载流螺线管、载流螺绕环内部磁场.} \end{cases}$$

安培环路定理反映了恒定磁场是非保守场.

3. 几种典型电流的磁场

a. 一段有限长载流直导线的磁场大小

$$B = \frac{\mu_0 I}{4\pi r}(\cos\theta_1 - \cos\theta_2)$$

b. 无限长载流直导线的磁场大小

$$B = \frac{\mu_0 I}{2\pi r}$$

c. 圆形电流在圆心处的磁场大小

$$B = \frac{\mu_0 I}{2R}$$

d. 圆心角为 θ 的载流弧线圆心处的磁场大小

$$B = \frac{\mu_0 I}{2R}\frac{\theta}{2\pi}$$

e. 无限长载流直螺线管和细螺绕环的内、外部磁场大小

$$B = \mu_0 nI(\text{内}), B = 0(\text{外})$$

二、恒定磁场的高斯定理

$$\oint_S \boldsymbol{B} \cdot \mathrm{d}\boldsymbol{S} = 0$$

高斯定理反映了恒定磁场为无源场.

三、带电粒子在磁场中的运动

洛伦兹力 $\boldsymbol{F} = q\boldsymbol{v} \times \boldsymbol{B}$

洛伦兹力的特点:(1) 它始终与电荷的运动方向垂直,因此洛伦兹力不改变运动电荷速度和动能的大小,只能改变电荷速度的方向,使路径发生弯曲.(2) 洛伦兹力不会对运动电荷做功.

带电粒子在均匀磁场中的运动:

回旋半径 $R = \dfrac{mv}{qB}$;回旋周期 $T = \dfrac{2\pi m}{qB}$

安培定律 $\mathrm{d}\boldsymbol{F} = I\mathrm{d}\boldsymbol{l} \times \boldsymbol{B}$

安培定律推导出的重要结论:任意平面载流导线在均匀磁场中所受的力与其始点和终点相同的载流直导线所受的磁场力相同.

习题 8

8-1 如图所示,有几种载流导线在平面内分布,电流均为 I,问它们在 O 点的磁感应强度各为多少?

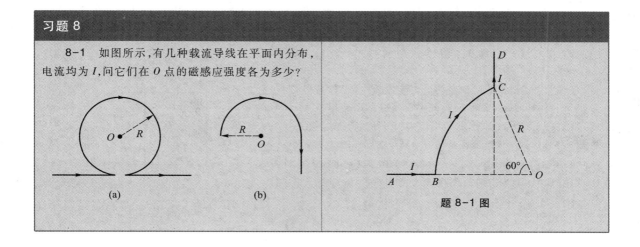

(a)   (b)

题 8-1 图

8-2 真空中有一无限长载流直导线 LL' 在 A 点处折成直角,如题 8-2 图所示. 在 LAL' 平面内,求 P、R、S、T 四点处磁感应强度的大小. 图中,$d = 4.00$ cm,电流 $I = 20.0$ A.

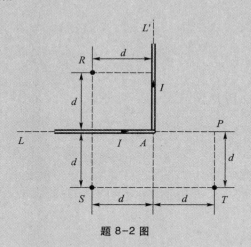

题 8-2 图

8-3 一边长为 $a = 0.15$ m 的立方体如题 8-3 图所示放置. 有一均匀磁场 $\boldsymbol{B} = (6\boldsymbol{i} + 3\boldsymbol{j} + 1.5\boldsymbol{k})$ T 通过立方体所在区域,计算:

(1) 通过立方体上阴影面积的磁通量;

(2) 通过立方体六面的总磁通量.

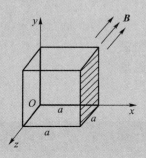

题 8-3 图

8-4 一根很长的同轴电缆由一导体圆柱(半径为 a)和一同轴的导体圆管(内、外半径分别为 b,c)构成,如题 8-4 图所示. 使用时,电流 I 从一导体流去,从另一导体流回. 设电流都是均匀地分布在导体的横截面上,求:(1) 导体圆柱内($r < a$);(2) 两导体之间($a < r < b$);(3) 导体圆筒内($b < r < c$);(4) 电缆外($r > c$)各点处磁感应强度的大小.

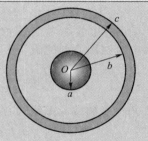

题 8-4 图

8-5 如题 8-5 图所示,横截面为矩形的环形螺线管,圆环内外半径分别为 R_1 和 R_2,芯子材料的磁导率为 μ_0,导线总匝数为 N,绕得很密,若线圈通电流 I,求:

(1) 芯子中的 B 值和通过芯子截面的磁通量;

(2) 在 $r < R_1$ 和 $r > R_2$ 处的 B 值.

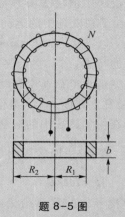

题 8-5 图

8-6 一无限长圆柱铜导体(磁导率为 μ_0),半径为 R,通有均匀分布的电流 I. 今取一矩形平面 S(长为 1 m,宽为 $2R$),位置如题 8-6 图中画斜线部分所示,求通过该矩形平面的磁通量.

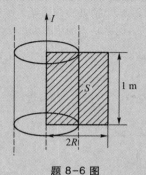

题 8-6 图

8-7 质子和电子以相同的速度垂直飞入磁感应强度为 B 的均匀磁场中,试求质子轨道半径 R_1 与电子轨道半径 R_2 的比值.

8-8 一载有电流 $I = 7.0$ A 的硬导线,转折处为半径 $R = 0.10$ m 的四分之一圆周 ab. 均匀外磁场的大小为 $B = 1.0$ T,其方向垂直于导线所在的平面,如题 8-8 图所示,求圆弧 ab 部分所受的力.

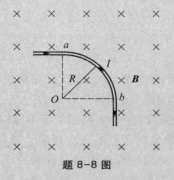

题 8-8 图

8-9 如题 8-9 图所示,在长直导线 AB 内通以电流 I_1,在矩形线圈 $CDEF$ 中通有电流 I_2,AB 与线圈共面,且 CD、EF 都与 AB 平行. 求:导线 AB 的磁场对矩形线圈每边所作用的力.

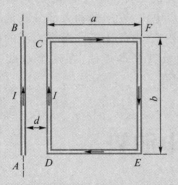

题 8-9 图

8-10 一通有电流为 I 的长导线,弯成如题 8-10 图所示的形状,放在磁感应强度为 B 的均匀磁场中,B 的方向垂直纸平面向里. 问:此导线受到的安培力为多少?

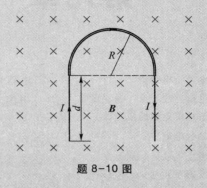

题 8-10 图

8-11 在氢原子中,设电子以轨道角动量 $L = h/2\pi$ 绕质子做圆周运动,其半径为 $a_0 = 5.29 \times 10^{-11}$ m. 求质子所在处的磁感应强度. h 为普朗克常量,其值为 6.63×10^{-34} J·s.

第八章习题参考答案

第九章　电磁感应

　　电磁感应现象的发现是电磁学发展史上又一个重要成就,它进一步揭示了自然界电现象和磁现象之间的联系.奥斯特在1820年发现并第一次解释了电流能够产生磁场证实了电现象与磁现象是有联系的.这使整个科学界受到了极大的震动.英国科学家法拉第敏锐地觉察到磁与电流之间应该有联系.他做了多次尝试,虽经历了一次次失败,但他笃信自然力的统一,坚信磁能够产生电.经过十年不懈的努力,法拉第终于在1831年和美国物理学家亨利各自独立地发现了电磁感应现象.紧接着,法拉第做了一系列实验,给出了确定感应电流的条件和决定感应电流大小的因素,揭示了感应现象的奥秘.后经德国理论物理学家诺埃曼、英国物理学家麦克斯韦等人的努力,科学家给出了电磁感应定律的数学表达式.电磁感应现象的发现促进了电磁理论的发展,为麦克斯韦电磁场理论的建立奠定了坚实的基础.电磁感应的发现还标志着一场重大的工业和技术革命的到来.事实证明,电磁感应是发电机、感应电机、变压器和大部分其他电力设备操作的基础,在电工、电子技术、电气化等方面有广泛的应用.本章主要讨论电磁感应现象及其基本规律,在这个基础上讨论自感、互感和磁场的能量等问题.

9.1　电源　电动势

9.1.1　电源

　　为了研究电磁感应所产生的感应电动势的规律,首先介绍电动势的概念.

　　要在导体中维持恒定电流,必须在其两端维持恒定不变的电势差.怎样才能满足这一条件呢?我们以充电电容器放电时产

生的电流为例来讨论．如图 9-1 所示,当用导线把充电的电容器
两极板 A、B 连接起来时,正电荷就沿着导线从电势高的 A 板流
向 B 板,在导线中形成电流．但这电流由于两个极板上的正负电
荷逐渐中和而减小,导致极板间的电势差逐渐减小直至为零,因
此电流极不稳定,很快消失．由此可见,仅依靠静电力的作用在
导体两端是不可能维持恒定电流的．

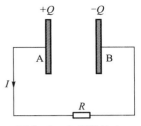

图 9-1 电容器放电

为了获得导体中的恒定电流,图 9-1 中 A、B 两板之间必须
有一种力,该力能够不断地把流向 B 板的正电荷搬运回 A 板,从
而使两板上的电荷量保持不变,两板之间保持恒定的电势差,从
而维持由 A 到 B 的恒定电流,如图 9-2 所示．把正电荷从电势
较低的点(如电源负极板)送到电势较高的点(如电源正极板)的
作用力称为非静电力,记作 F_k．能够提供非静电力以把其他形式
的能量转化为电能的装置称为电源．直流电路中,电流存在的条
件是导体两端有恒定的电势差,而产生及维持这个电势差的是
电源．

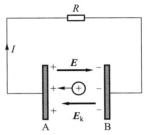

图 9-2 电源的电动势

电源的种类很多,不同类型的电源形成非静电力的原因不
同,但无论哪种电源,电源内部非静电力与静电力的方向都是相
反的,非静电力在搬运电荷的过程中,都要克服静电力做功．我
们把能维持导体内恒定电流的电源称为直流电源．不同电源其
非静电力的本质是不同的,如蓄电池和干电池其非静电力来源于
化学作用,太阳能电池中的非静电力来源于制造太阳能电池的硅
片的光电效应,直流发电机和直流稳压电源的非静电力来源于电
磁感应．

9.1.2 电动势

对于不同类型的电源,非静电力在电源内部搬运正电荷过程
中做功的本领也不同,即电源进行能量转化的本领也不同．为了
定量描述电源进行能量转化的本领,我们引入电源电动势的概念
在电源内部,把单位正电荷从负极移到正极的过程中,非静电力
所做的功称为电源电动势,用符号 $\mathscr{E}$ 表示:

$$\mathscr{E} = \frac{W}{q} \tag{9-1}$$

式中 W 为电源内部非静电力把电荷 q 从负极移到正极过程中所
做的功．在国际单位制中,电动势的单位名称为伏特,用符号 V
表示．电源电动势是标量,但我们习惯上常把电源内部从负极到
正极的方向称为电动势的正方向．

借用场的概念,我们把非静电力的作用看成非静电场的作用,用 E_k 表示非静电场的场强. 设在图9-2所示的电源内部有一点电荷+q,该电荷除受到恒定静电场力的作用外,还受到了非静电场力的作用. 当+q从电源负极出发经电源内部移动到正极,再经外电路回到负极板而绕闭合回路一周时,静电力和非静电力的合力所做的功为

$$W = \oint_l q(\boldsymbol{E}_k + \boldsymbol{E}) \cdot \mathrm{d}\boldsymbol{l} = \oint_l q\boldsymbol{E} \cdot \mathrm{d}\boldsymbol{l} + \oint_l q\boldsymbol{E}_k \cdot \mathrm{d}\boldsymbol{l}$$

由于恒定静电场是保守场,则

$$\oint_l q\boldsymbol{E} \cdot \mathrm{d}\boldsymbol{l} = 0$$

因此

$$W = \oint_l q\boldsymbol{E}_k \cdot \mathrm{d}\boldsymbol{l}$$

将上式代入式(9-1)得

$$\mathscr{E} = \frac{W}{q} = \oint_l \boldsymbol{E}_k \cdot \mathrm{d}\boldsymbol{l} \tag{9-2}$$

由于电源外部非静电场强 E_k 为零,因此式(9-2)可写为

$$\mathscr{E} = \int_-^+ \boldsymbol{E}_k \cdot \mathrm{d}\boldsymbol{l} \tag{9-3}$$

由此可见,电动势只取决于电源本身的性质,与外电路的情况无关.

9.2 电磁感应现象 楞次定律

在丹麦物理学家奥斯特发现电流的磁效应后,人们就提出磁能否产生电的问题. 英国物理学家法拉第经过多年反复实验和研究发现了电磁感应现象及其基本定律,这一发现在科学上和应用中都有特别重要的意义.

9.2.1 电磁感应现象

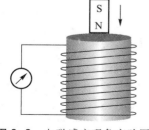

图9-3 电磁感应现象实验图

1. 如图9-3所示,取一螺线管,使它与一检流计串联成闭合回路,再取一永久磁铁. 实验指出,当永久磁铁移近并插入线圈时,与线圈串联的电流计上有电流通过;永久磁铁拔出时,电流计上的电流流向反向. 并且永久磁铁相对线圈的速度越快,回路中检流计指针偏转越大.

2. 如图 9-4 所示,与电源相连的圆线圈回路中开关断开和闭合的瞬间,在另一副线圈内引发电流.

3. 如图 9-5 所示,把接有电流计的、一边可滑动的导线框放在均匀的恒定磁场中,移动导线向左或者向右移动,即闭合回路的面积发生变化,回路中有电流产生.

通过上述实验我们发现,无论是闭合回路中磁场发生变化,还是闭合回路中一部分导体做切割磁感线的运动,只要穿过闭合回路的磁通量发生变化,回路中将有电流产生,这一现象称为电磁感应现象.回路中产生的电流称为感应电流.根据闭合回路欧姆定律,回路中出现电流,说明回路中有电动势.产生感应电流的电动势则称为感应电动势.

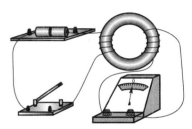

图 9-4 电磁感应现象实验图

9.2.2 楞次定律

闭合回路中的磁通量发生变化时,怎样确定回路中产生的感应电流的方向呢? 我们利用图 9-3 所示的实验来研究这个问题.

实验前,我们先要了解通过电流表的电流方向与指针偏转方向之间的关系,这样在实验过程中,根据指针的偏转方向就可以知道感应电流的方向了.当磁铁插入线圈时,线圈内感应电流产生的磁场方向与磁铁的磁场方向相反,如图 9-6(a)所示;当磁铁从线圈中抽出时,线圈中感应电流产生的磁场方向与磁铁的磁场方向相同,如图 9-6(b)所示.

由上述实验可得出以下结论:当磁铁插入线圈时,穿过线圈的磁通量增加,这时产生的感应电流的磁场方向与磁铁的磁场方向相反,阻碍线圈中原磁通量的增加.当磁铁从线圈中抽出时,穿过线圈的磁通量减少,这时产生的感应电流的磁场方向与磁铁的磁场方向相同,阻碍线圈中磁通量的减少.

通过对其他电磁感应实验的分析,我们都能得到类似的结论.当穿过闭合回路的磁通量增加时,感应电流的磁场方向总是与原来的磁场方向相反,阻碍磁通量的增加;当穿过闭合回路的磁通量减少时,感应电流的磁场总是与原来的磁场方向相同,阻碍磁通量的减少.1833 年,楞次在大量实验的基础上,总结出了以他名字命名的楞次定律:闭合回路中感应电流的方向,总是使它所激发的磁场来阻碍引起感应电流的磁通量的变化.

应用楞次定律判断各种情况下感应电流的方向的具体步骤如下:首先确定原磁场方向;其次判断穿过闭合回路的磁通量是

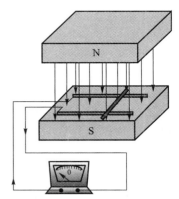

图 9-5 电磁感应现象实验图

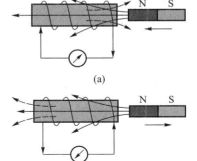

(a)

(b)

图 9-6 楞次定律示意图

增加还是减少;然后根据楞次定律确定感应电流的磁场方向;最后再判断感应电流的方向.

另一方面,楞次定律是能量守恒定律在电磁感应现象中的具体体现. 如图 9-6(a)所示,把磁棒 N 极插入线圈时,线圈靠近磁铁的一端出现与磁铁同名的磁极;图 9-6(b)中当磁铁远离线圈时,线圈靠近磁铁的一端出现与磁铁异名的磁极. 由于同名磁极相斥,异名磁极相吸,所以无论磁铁如何运动,感应电流的磁场总是要阻碍磁铁和线圈之间的相对运动. 由此可知,要使磁铁和闭合回路发生相对运动,外力就必须克服它们之间的作用力. 在此过程中,外力通过做功将机械能转化为线圈中的电能. 在不要求具体确定感应电流方向、只要判断感应电流引起的机械效果时,采用楞次定律的后一种表述分析问题更为方便.

例 9-1

如图 9-7 所示,一个金属框架 abcd 置于均匀磁场中,其中 ab 边可动. 当 ab 边向右运动时,试确定其中的感应电流方向.

解:根据楞次定律,当导线 ab 向右运动时,原磁场的磁通量增加,感应电流的磁场方向与原磁场的方向相反,即垂直纸面向外,根据右手螺旋定则可知,感应电流的方向是由 b 指向 a.

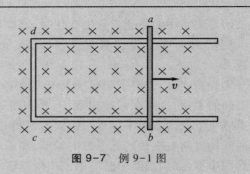

图 9-7 例 9-1 图

9.3 法拉第电磁感应定律

图 9-3 实验发现,磁铁相对于线圈运动得越快,穿过线圈的磁通量就变化得越快,感应电流越大,感应电动势也就越大. 图 9-5 实验发现导线切割磁感线的速度越快,穿过闭合回路包围面积的磁通量就变化得越快,感应电流越大,感应电动势也就越大.综上实验发现:感应电动势的大小与磁通量的变化率有关. 法拉第总结了大量的实验结果,提出了电磁感应定律:不论任何原因使通过回路面积的磁通量发生变化时,回路中产生的感应电动势与磁通量对时间的变化率成正比,即

$$\mathscr{E}_i = -K \frac{\mathrm{d}\Phi}{\mathrm{d}t} \qquad (9-4)$$

式中,K 为比例系数. 在国际单位制中,$\mathscr{E}$ 取单位 V,Φ 取单位 Wb,则 $K=1$,所以

$$\mathscr{E}_i = -\frac{\mathrm{d}\Phi}{\mathrm{d}t} \qquad (9-5)$$

若线圈密绕 N 匝,则

$$\mathscr{E}_i = -N\frac{\mathrm{d}\Phi}{\mathrm{d}t} = -\frac{\mathrm{d}\Psi}{\mathrm{d}t} \qquad (9-6)$$

其中 $\Psi = N\Phi$,为磁通链.

式(9-4)是楞次定律的数学表示,其中的负号反映了感应电动势的方向.

我们规定以闭合回路中原有的磁感线方向为基准,右手大拇指代表原有磁感线的方向,其余四指的回转方向代表感应电动势的正方向,与此相反的方向为感应电动势的负方向. 则在图 9-5 中,磁铁的磁感线方向向左,当磁铁向线圈靠近时,线圈中的磁通量增加,即 $\dfrac{\mathrm{d}\Phi}{\mathrm{d}t}$ 为正值,则 $\mathscr{E}_i = -\dfrac{\mathrm{d}\Phi}{\mathrm{d}t}$ 为负,这时感应电动势的方向和规定的正方向相反,如图 9-8(a)所示. 反之,当磁铁离开线圈时,线圈中的磁通量减少,即 $\dfrac{\mathrm{d}\Phi}{\mathrm{d}t}$ 为负值,则 $\mathscr{E}_i = -\dfrac{\mathrm{d}\Phi}{\mathrm{d}t}$ 为正,这时感应电动势的方向和规定的正方向相同,如图 9-8(b)所示.

如果闭合回路的电阻为 R,则感应电流为

$$I_i = \frac{\mathscr{E}_i}{R} = -\frac{1}{R}\frac{\mathrm{d}\Phi}{\mathrm{d}t} \qquad (9-7)$$

则在 t_1 到 t_2 的这段时间内通过回路导线中任一截面的感应电荷量为

$$q = \int_{t_1}^{t_2} I_i \mathrm{d}t = -\frac{1}{R}\int_{\Phi_1}^{\Phi_2} \mathrm{d}\Phi = \frac{1}{R}(\Phi_1 - \Phi_2) \qquad (9-8)$$

式中,Φ_1 和 Φ_2 分别是 t_1 和 t_2 时刻通过回路的磁通量. 比较上面两式可知,感应电流与磁通量的变化率有关,变化率越大,感应电流越大;而感应电荷与磁通量的改变有关,与磁通量的变化快慢无关. 常用的测量磁感应强度的磁通计(又称高斯计)就是根据这个原理制成的.

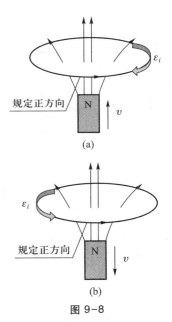

图 9-8

例 9-2

如图 9-9 所示,通过回路的磁感线与线圈平面垂直,且指向纸面,若通过回路的磁通量 $\Phi = 6t^2 + 7t + 1$,式中 Φ 的单位为 Wb,t 的单位为 s,求:$t = 2$ s 时,在回路中的感应电动势的大小和方向.

图 9-9　例 9-2 图

解: 根据法拉第电磁感应定律,感应电动势的大小为

$$\mathcal{E}_i = \left| -\frac{\mathrm{d}\Phi}{\mathrm{d}t} \right| = 12t + 7 \quad （\text{SI 单位}）$$

当 $t = 2$ s 时,$\mathcal{E}_i = 31$ V.

感应电动势的方向可根据楞次定律判断为逆时针方向.

例 9-3

一长直导线中通有交变电流 $I = I_0 \sin \omega t$,式中 I 表示瞬时电流,I_0 为电流振幅,ω 为角频率,I_0 和 ω 是常量. 在长直导线旁平行放置一矩形线圈,线圈平面与直导线在同一平面内,如图 9-10 所示. 已知线圈长为 c,宽为 b,线圈近长直导线的一边离直导线距离为 a. 求任一瞬时线圈中的感应电动势.

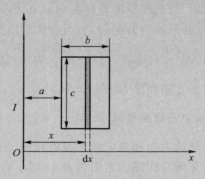

图 9-10　例 9-3 图

解: 建立如图 9-10 所示的坐标轴,距离直导线 x 处的磁感应强度为

$$B = \frac{\mu_0 I}{2\pi x}$$

选顺时针方向为矩形线圈的绕行正方向,则通过图中阴影部分的磁通量为

$$\mathrm{d}\Phi = B\mathrm{d}S\cos 0° = \frac{\mu_0 I}{2\pi x} c\mathrm{d}x$$

于是在该瞬时 t 通过整个线圈的磁通量为

$$\Phi = \int_a^{a+b} \frac{\mu_0 I}{2\pi x} c\mathrm{d}x = \frac{\mu_0 c I_0 \sin \omega t}{2\pi} \ln \frac{a+b}{a}$$

由于电流随时间变化,通过线圈的磁通量也随时间变化,故线圈内的感应电动势为

$$\mathcal{E}_i = -\frac{\mathrm{d}\Phi}{\mathrm{d}t} = -\frac{\mu_0 c I_0}{2\pi} \ln \frac{a+b}{a} \frac{\mathrm{d}}{\mathrm{d}t}(\sin \omega t)$$

$$= -\frac{\mu_0 c I_0 \omega}{2\pi} \ln \frac{a+b}{a} \cos \omega t$$

由此可见,感应电动势随时间按余弦规律变化,其方向也随余弦值的正负作顺时针、逆时针转向的变化.

*9.4 动生电动势

法拉第电磁感应定律说明,穿过回路面积的磁通量发生变化时,回路中有感应电动势产生而阻碍磁通量的变化. 感应电动势可以分为两种:一种是磁场恒定不变,导体运动造成回路面积变化或回路面积取向变化,这种情况产生的感应电动势称为动生电动势;另一种是回路不变,磁场发生变化,这种情况产生的感应电动势称为感生电动势.

9.4.1 动生电动势产生的原因

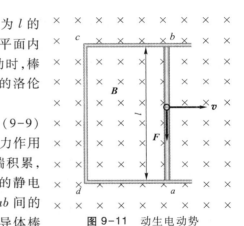

图 9-11 动生电动势

如图 9-11 所示,矩形回路 abcd 中有一可以移动的长为 l 的导体棒 ab,导体棒以恒定的速率 v 在垂直于均匀磁场 $\boldsymbol{B}$ 的平面内沿导轨向右滑动,其余边保持不动. 当导体棒 ab 向右运动时,棒内的自由电子被带着以同一速度运动,因此每个电子受到的洛伦兹力为

$$\boldsymbol{F} = (-e)\boldsymbol{v} \times \boldsymbol{B} \tag{9-9}$$

式中,$\boldsymbol{F}$ 的方向与 $\boldsymbol{v} \times \boldsymbol{B}$ 的方向相反,由 b 指向 a. 在洛伦兹力作用下,棒中的自由电子向下做定向漂移运动,使得电子在 a 端积累,a 端带负电而 b 端带正电,从而在 ab 棒内产生自上而下的静电场. 当作用在电子上的静电场力与洛伦兹力达到平衡时,ab 间的电势差达到稳定值,ab 之间便有稳定的电势差,这段运动导体棒相当于一个电源,它的非静电力就是洛伦兹力,则非静电的电场强度为

$$\boldsymbol{E}_{\mathrm{k}} = \frac{\boldsymbol{F}}{-e} = \boldsymbol{v} \times \boldsymbol{B}$$

电动势定义为把单位正电荷从负极通过电源内部移到正极的过程中非静电力做的功,在磁场中运动的 ab 棒所产生的动生电动势为

$$\mathscr{E}_{\mathrm{i}} = \int_{-}^{+} \boldsymbol{E}_{\mathrm{k}} \cdot \mathrm{d}\boldsymbol{l} = \int_{a}^{b} (\boldsymbol{v} \times \boldsymbol{B}) \cdot \mathrm{d}\boldsymbol{l} \tag{9-10}$$

上式提供了计算动生电动势的方法.

如果导线回路是闭合的,且整个闭合回路都在磁场中运动,那么回路中各段导线均能产生动生电动势,则整个闭合回路的动生电动势为

$$\mathscr{E}_{\mathrm{i}} = \oint_{l} (\boldsymbol{v} \times \boldsymbol{B}) \cdot \mathrm{d}\boldsymbol{l} \tag{9-11}$$

9.4.2 动生电动势计算举例

例 9-4

如图 9-12 所示,均匀磁场方向垂直于纸面向里,磁感应强度为 0.1 T. 长为 0.4 m 的导线 ab 以 5 m/s 的速率在导电的轨道 cb、da 上向右匀速地滑动.

（1）求感应电动势的大小.

（2）a、b 哪端电势高?

（3）如果轨道的电阻可以忽略不计,电阻 R 等于 0.5 Ω,求感应电流的大小.

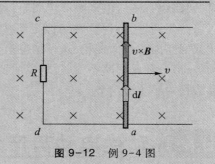

图 9-12　例 9-4 图

解:（1）在 ab 棒上取线元 $\mathrm{d}\boldsymbol{l}$,与 $\boldsymbol{v}\times\boldsymbol{B}$ 方向相同,代入式（9-10）,则

$$\mathscr{E}_\mathrm{i} = \int_a^b (\boldsymbol{v}\times\boldsymbol{B})\cdot\mathrm{d}\boldsymbol{l} = Blv = 0.1\times0.4\times5 \text{ V}$$
$$= 0.2 \text{ V}$$

（2）因为 $\mathscr{E}_\mathrm{i}>0$,所以 b 端的电势高.

（3）由闭合回路欧姆定律得

$$I = \frac{\mathscr{E}_\mathrm{i}}{R} = \frac{0.2}{0.5} \text{ A} = 0.4 \text{ A}$$

例 9-5

如图 9-13 所示,一根无限长直导线中通有电流 I,有一根长为 b 的金属棒 CD,以平行于长直导线的速度 $\boldsymbol{v}$ 做匀速运动. 金属棒近导线一端离导线的距离为 a,求 CD 棒上感应电动势的大小和方向.

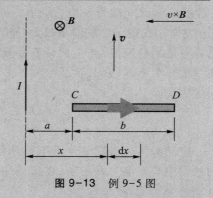

图 9-13　例 9-5 图

解:在 CD 棒上取一线元 $\mathrm{d}\boldsymbol{l}$,与长直导线的距离为 x,该处磁场方向垂直纸面向里,大小为 $B=\dfrac{\mu_0 I}{2\pi x}$,$\mathrm{d}\boldsymbol{l}$ 的方向取由 C 指向 D,$\boldsymbol{v}\times\boldsymbol{B}$ 的方向为 x 的负方向且与 $\mathrm{d}\boldsymbol{l}$ 方向之间的夹角为 π.

在 $\mathrm{d}\boldsymbol{l}$ 小段上的电动势为

$$\mathrm{d}\mathscr{E} = (\boldsymbol{v}\times\boldsymbol{B})\cdot\mathrm{d}\boldsymbol{l} = Bv\cos\pi\,\mathrm{d}x = -\frac{\mu_0 vI}{2\pi x}\mathrm{d}x$$

因此金属棒中的总电动势为

$$\mathscr{E}_{CD} = \int\mathrm{d}\mathscr{E} = \int_a^{a+b} -\frac{\mu_0 vI}{2\pi x}\mathrm{d}x = \frac{\mu_0 vI}{2\pi}\ln\frac{a}{a+b} < 0$$

方向由 D 到 C.

*9.5 感生电动势 涡电流

9.5.1 感生电动势

前面我们讨论了导体在磁场中的运动.导体内部的自由电子随着导体一起运动,因此受到磁场力的作用,导体两端产生动生电动势,洛伦兹力是动生电动势产生的根源.实验表明,若导体回路所处空间的磁感应强度发生变化时,即使导体回路不动,回路中也会有感应电流流过,这说明了回路中有感应电动势的存在,即有非静电力存在.那么感生电动势对应的非静电力是什么呢? 为此,麦克斯韦在 1861 年分析了这种情况以后提出:变化的磁场在它周围空间产生电场,这种电场与导体无关,即使无导体存在,只要磁场变化,就有这种场存在.该场称为感生电场或涡旋电场,用 $\boldsymbol{E}_k$ 表示.感生电场作用于放置在空间的导体回路,在回路中产生感应电动势,这种感应电动势通常称为感生电动势.闭合回路的感生电动势为

$$\mathscr{E}_i = \oint_L \boldsymbol{E}_k \cdot \mathrm{d}\boldsymbol{l}$$

由法拉第电磁感应定律得

$$\oint_L \boldsymbol{E}_k \cdot \mathrm{d}\boldsymbol{l} = -\frac{\mathrm{d}\boldsymbol{\Phi}}{\mathrm{d}t} = -\frac{\mathrm{d}}{\mathrm{d}t} \int_S \boldsymbol{B} \cdot \mathrm{d}\boldsymbol{S}$$

当闭合回路 L 不动时,可以把对时间的微商和对曲面 S 的积分两个运算的顺序交换,得

$$\mathscr{E}_i = \oint_L \boldsymbol{E}_k \cdot \mathrm{d}\boldsymbol{l} = -\int_S \frac{\partial \boldsymbol{B}}{\partial t} \cdot \mathrm{d}\boldsymbol{S} \qquad (9-12)$$

上式表明感生电场的环流不等于零,这说明感生电场是有旋场,对电荷有作用力,这一性质和静电场是相同的.它们的不同之处在于,静电场是保守场,而感生电场是非保守场;感生电场不是由自由电荷激发,而是由变化的磁场激发的;静电场的电场线是非闭合的,感生电场的电场线是闭合的.

关于感生电场,需要强调的是:

(1) $\boldsymbol{E}_k$ 和 $\boldsymbol{B}(t)$ 的关系表明,磁场变化必存在感生电场.

(2) $\boldsymbol{E}_k$ 的方向与 $-\partial\boldsymbol{B}/\partial t$ 的方向之间满足右手螺旋定则.图 9-14 可以说明这个关系.

(3) 式(9-12)中 S 是以 L 为边界的任意曲面.

(4) 感生电场可扩展到原磁场未达到的区域.

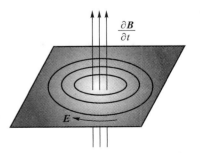

图 9-14 感生电场 $\boldsymbol{E}_k$ 的方向判定

9.5.2 涡电流

当大块的金属导体与磁场有相对运动或者处在变化的磁场中时,在这大块的金属导体内部会有感应电流. 这种电流在金属导体内部自成闭合回路,称为涡电流,简称涡流. 涡电流在工程技术中有广泛的应用.

涡电流和一般电流一样具有热效应,因此利用涡电流的热效应可以对金属导体加热,这种方法称为感应加热. 如图 9-15 所示,在冶炼难融化或融化过程中容易氧化的金属时,可利用高频感应冶金炉,将这些金属放在陶瓷坩埚里,坩埚外面套上线圈,线圈中通以高频电流. 理论推导可得,交变电流的频率越高,产生的焦耳热越多. 高频感应冶金炉利用高频电流激发的交变磁场在金属中产生的涡电流的热效应把金属熔化. 在真空技术方面,人们也广泛利用涡电流给待抽真空仪器内的金属部分加热,以清除附在其表面的气体.

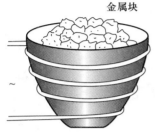

金属块

图 9-15 高频感应冶金炉

虽然涡电流产生的热效应有着广泛的用处,但也有有害的一面,例如在变压器和发动机的运行中,涡流热效应会导致铁芯温度升高,不仅危及绝缘体材料的寿命,还要消耗电能. 为了减少涡流发热的损失,一般变压器、发电机和其他交流仪器的铁芯都做成层状,层与层之间用绝缘材料隔开,以减小涡电流. 有时为减小涡电流,也会增大铁芯电阻,采用电阻率较大的硅钢做铁芯材料.

涡电流也有磁效应,大块金属导体在磁场中运动产生涡电流. 涡电流的存在使得导体又受到磁场安培力的作用. 根据楞次定律,安培力的方向恰与金属导体的运动方向相反,因此金属受到一个阻尼力的作用,这就是电磁阻尼原理. 图 9-16 是电磁阻尼摆. 在一些电磁仪表中,常利用电磁阻尼使摆动的指针迅速停止在平衡位置.

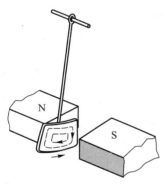

图 9-16 电磁阻尼摆

9.6 自感 互感

前面我们按磁通量变化原因的不同将感应电动势分为动生电动势和感生电动势两种,本节我们将从产生磁通量的角度将感应电动势分为自感电动势和互感电动势.

9.6.1 自感现象

如图 9-17(a)所示,当我们合上闸刀开关时,与电阻串联的 A_2 灯泡立刻达到正常的亮度,而与自感线圈串联的 A_1 灯泡,却是缓慢变亮.为什么会出现这种现象呢?这是因为在电路接通的瞬间,通过自感线圈的电流增强,线圈中的磁通量也随之增加,根据楞次定律,在自感线圈中产生了阻碍原磁通量增加的感应电动势,所以灯泡 A_1 逐渐才能达到正常的亮度.

如图 9-17(b)所示,当我们打开闸刀开关时,灯泡并不是立刻熄灭,而是慢慢变暗,最后熄灭.为什么会出现这种现象呢?这是因为闸刀断开瞬间,自感线圈中的电流突然减小,磁通量也随之减小,根据楞次定律,在自感线圈中产生了阻碍原磁通量减小的感应电动势,所以灯泡才逐渐变暗直到熄灭.

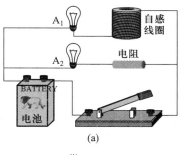

(a)

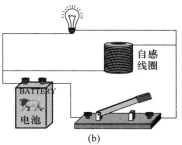

(b)

图 9-17 自感现象实验图

9.6.2 自感电动势 自感系数

一导线回路中通有电流 I,如果回路中电流发生变化,则它所激发的磁场通过线圈自身所围面积的磁通量也发生变化,从而在线圈内引起的感应电动势称为自感电动势,用 $\mathcal{E}_L$ 表示.这种现象称为自感现象.

根据毕奥-萨伐尔定律,通过回路的磁通量 Φ 与回路中的电流 I 成正比,即

$$\Phi = LI$$

如果回路由 N 匝线圈组成,则 $\Psi = N\Phi$,上式变为

$$\Psi = LI \tag{9-13}$$

式中,L 为比例系数,称为回路的自感系数,简称自感.自感的大小取决于回路的大小、形状、匝数以及周围磁介质的情况(有铁芯的线圈除外).

根据法拉第电磁感应定律,回路中的自感电动势为

$$\mathcal{E}_L = -\frac{\mathrm{d}\Psi}{\mathrm{d}t} = -\left(L\frac{\mathrm{d}I}{\mathrm{d}t} + I\frac{\mathrm{d}L}{\mathrm{d}t} \right) \tag{9-14}$$

式中,$-L\dfrac{\mathrm{d}I}{\mathrm{d}t}$ 表示回路中电流变化引起通过回路磁通量的变化而对自感电动势的贡献;$-I\dfrac{\mathrm{d}L}{\mathrm{d}t}$ 表示回路的大小、形状以及周围磁介质的分布情况发生变化而对自感电动势的贡献.

如果自感系数 L 不变,则自感电动势为

$$\mathcal{E}_L = -L\frac{\mathrm{d}I}{\mathrm{d}t} \qquad (9-15)$$

式中的负号说明自感电动势的方向与回路中电流变化率的方向相反,即当回路电流减小时,$\mathcal{E}_L>0$,自感电动势的方向与回路中电流的方向相同,阻碍回路中电流的减小;当回路电流增加时,$\mathcal{E}_L<0$,自感电动势的方向与回路中电流的方向相反,阻碍回路中电流的增加.由此可见,如果回路中电流变化,回路中激发的自感电动势 $\mathcal{E}_L$ 总是阻碍电流变化,自感系数越大,这种阻碍越强,回路中电流越不容易改变.可见,回路的自感有保持回路中原有电流不变的性质.因此,自感系数也可以看成回路本身电磁惯性的一种量度,自感系数大电磁惯性就大.

自感系数的国际单位制单位名称是亨利,用符号 H 表示.1 H = 1 Wb. 由于亨利的单位比较大,实际中常用 μH(微亨)或 mH(毫亨)作为自感的单位.

9.6.3 自感现象应用

在工程技术和日常生活中,自感现象的应用是很广泛的,如无线电技术和电工常用的高频扼流圈,日光灯上用的镇流器等就是实例.但是,自感作用也有不利的一面,例如,具有很大自感系数的电路(如自感与电容组成的谐振电路和滤波器等)在断开时,由于电路中的电流变化很快,可以产生很大的自感电动势,击穿线圈的绝缘层,或者在断开的间隙中产生强烈的电弧,烧坏开关,特别是在大功率的电力系统中尤为凸显.因此,在实际应用中应该采用适当的措施,消除自感作用的不利影响.

关于自感系数的计算,一般有两种方法:其一是从定义出发,设回路中通有电流 I,计算磁感应强度及磁通量,由公式 $L = \dfrac{\Psi}{I}$ 计算自感系数;其二,让回路电流有一个变化,设法得到回路中的自感电动势,由公式 $L = -\mathcal{E}_L/(\mathrm{d}I/\mathrm{d}t)$ 计算自感系数.在实验上这种方法可以很方便地用来测量复杂系统的自感系数.

例 9-6

一空心单层密绕长直螺线管,总匝数为 N,长为 l,半径为 R,且 $l \gg R$. 求螺线管的自感 L.

解：根据基本定义 $\Psi = LI$ 计算 L 值．先假设回路通有电流 I，然后求出穿过回路的总磁链 Ψ，代入 $\Psi = LI$，即可求得 L 的值．

设螺线管中通有电流 I，由于 $l \gg R$，对于长直螺线管，管内各处的磁场可近似地看成是均匀的，且磁感应强度的大小为

$$B = \mu_0 n I = \mu_0 \frac{N}{l} I$$

总磁链 Ψ 为

$$\Psi = NBS = \mu_0 \frac{N^2 I}{l} \pi R^2$$

代入 $\Psi = LI$ 中，得

$$L = \frac{\Psi}{I} = \mu_0 \frac{N^2}{l} \pi R^2 = \mu_0 n^2 V$$

式中，$V = \pi R^2 l$ 是螺线管的体积．可见，L 与 I 无关．若采用较细的导线绕制螺线管，可增大单位长度的匝数 n，使自感 L 变大．另外，若在螺线管中插入磁介质，可使 L 值增大．但用铁磁质作为铁芯时，由于铁磁质的磁导率 μ 与 I 有关，此时 L 值与 I 有关．

9.6.4 互感电动势 互感

由于一个回路中电流变化而在另外一个回路中产生感应电动势的现象称为互感现象，出现的电动势称为互感电动势．

如图 9-18 所示，两个邻近的载流线圈 1 和 2，其中电流分别为 I_1 和 I_2．回路 1 中的电流 I_1 产生一个磁场，它的部分磁感线穿过线圈 2 的磁链为 Ψ_{12}．在线圈的尺寸、相对位置及周围磁介质情况保持不变时，根据毕奥-萨伐尔定律可知，Ψ_{12} 正比于电流 I_1，即

$$\Psi_{12} = M_{12} I_1 \tag{9-16}$$

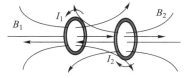

图 9-18 两个载流线圈的互感

同样，回路 2 中的电流 I_2 也要产生磁场，在线圈的尺寸、相对位置及周围磁介质情况保持不变时，其通过线圈 1 的磁链为

$$\Psi_{21} = M_{21} I_2 \tag{9-17}$$

理论和实验都证明 $M_{12} = M_{21}$，可统一用 M 表示，称为互感系数，简称互感，其单位与自感的单位相同．

依据法拉第电磁感应定律，当 I_1 发生变化时，在线圈 2 中产生的感应电动势为

$$\mathscr{E}_{12} = -\frac{\mathrm{d}\Psi_{12}}{\mathrm{d}t} = -M\frac{\mathrm{d}I_1}{\mathrm{d}t} \tag{9-18}$$

同理，当 I_2 发生变化时，在线圈 1 中产生的感应电动势为

$$\mathscr{E}_{21} = -\frac{\mathrm{d}\Psi_{21}}{\mathrm{d}t} = -M\frac{\mathrm{d}I_2}{\mathrm{d}t} \tag{9-19}$$

关于互感的计算，一般有两种方法：其一，从定义出发，给线圈 1 一个电流 I_1，计算它在线圈 2 产生的磁链 Ψ_{12}，由公式 $M =$

$\dfrac{\Psi_{12}}{I_2}$ 计算互感. 当然也可以给线圈 2 一个电流 I_2,计算它在线圈 1 产生的磁链 Ψ_{21},由公式 $M=\dfrac{\Psi_{21}}{I_1}$ 计算互感. 这两种方法结果是一样的,但有时难易程度是不一样的. 其二,让线圈 1 的电流有一个变化,设法求其在线圈 2 中激发的互感电动势 $\mathscr{E}_{12}$,由公式 $M=\mathscr{E}_{12}/(\mathrm{d}I_1/\mathrm{d}t)$ 计算互感. 在实验上这种方法能方便地用来测量两复杂系统间的互感.

互感现象在电工和无线电技术中获得了广泛的应用,利用互感可以非常方便地把电能或信号从一个回路传递给另外一个回路. 然而,互感现象在某些场合中是有害的. 例如,架空明线或电话线之间,会由于互感引起"串音",影响通话质量;电子仪器仪表中,导线之间、导线与器件之间或器件之间的互感作用会影响正常工作. 因此在这种情况下,必须采取措施,尽量减少因互感引起的相互干扰.

* 9.7　磁场的能量

在静电场一章中我们讨论过,外力必须克服静电场力做功. 根据功能原理,外界做功所消耗的能量最后转化为电荷系统或电场的能量. 同样,磁场也有能量. 从能量转化的角度,通过分析电磁感应现象可以导出磁场能量的表达式.

如图 9-19 所示,电路中含有一个自感为 L 的线圈,当开关 S 未闭合时,回路中电流为零,这时线圈中没有磁场. 当 S 闭合后,回路中通有电流,由于回路有自感的作用,回路中的电流要经历一个从零到稳定值的变化过程. 在这个过程中,电源必须提供能量来克服自感电动势做功,使电能转化为载流回路的能量,也就是磁场的能量.

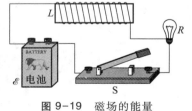

图 9-19　磁场的能量

设电路接通后,回路中某瞬时的电流为 I,自感电动势为 $-L\mathrm{d}I/\mathrm{d}t$,由回路的欧姆定律得

$$\mathscr{E}-L\frac{\mathrm{d}I}{\mathrm{d}t}=IR \tag{9-20}$$

上式两边同乘以 $I\mathrm{d}t$,有

$$\mathscr{E}\,I\mathrm{d}t-LI\mathrm{d}I=RI^2\mathrm{d}t \tag{9-21}$$

如果从 $t=0$ 开始,经过足够长的时间,则可以认为回路中的电流已从零增长到稳定值 I,在自感 L 与电流无关的情况下,在这

段时间内电源电动势所做的功为

$$\int_0^t \mathscr{E}\, I \mathrm{d}t = \frac{1}{2}LI^2 + \int_0^t RI^2 \mathrm{d}t \qquad (9-22)$$

上式说明电源电动势所做的功转化为两部分能量,其中 $\int_0^t RI^2 \mathrm{d}t$

是时间 t 内消耗在电阻 R 上的焦耳热;$\frac{1}{2}LI^2$ 是由电源阻碍自感

电动势做功而转化为载流线圈的能量. 该能量是因为电流所激
起磁场而具有的能量,称为自感磁能,显然,这部分能量是储存在
磁场中的能量. 自感磁能是自感线圈在电流增长及电流周围建
立起磁场的过程中积聚起来的.

$$W_{\mathrm{m}} = \frac{1}{2}LI^2 \qquad (9-23)$$

这个能量伴随着线圈周围的磁场的消失,以自感电动势做功的形
式释放出来. 由此可见,自感磁能确实就是磁场的能量.

  下面计算长直螺线管的磁场能量.

  前面我们推导出长直螺线管的自感为 $L = \mu_0 n^2 V$,当管内充满
磁导率为 μ 的均匀磁介质时(非铁磁质),则 $L = \mu n^2 V$,式中 n 为
螺线管单位长度的匝数,V 为螺线管内磁场空间的体积. 当螺线
管通有电流 I 时,管中磁场近似看成是均匀的,而且磁场可以认
为全部集中在管内. 长直螺线管内的磁感应强度 $B = \mu n I$,把 L 及
$I = B/\mu n$ 代入式(9-23),得到磁能的另一种表示式,即

$$W_{\mathrm{m}} = \frac{1}{2}\mu n^2 V \left(\frac{B}{\mu n}\right)^2 = \frac{1}{2}\frac{B^2}{\mu}V = \frac{1}{2}BHV \qquad (9-24)$$

  单位体积内的磁场能量是

$$w_{\mathrm{m}} = \frac{W_{\mathrm{m}}}{V} = \frac{1}{2}\frac{B^2}{\mu} = \frac{1}{2}\mu H^2 = \frac{1}{2}BH \qquad (9-25)$$

  上述 w_{m} 为磁场能量密度. 式(9-25)虽然是从螺线管中均匀
磁场的特例得出的,但可以证明在一般情况下,任意磁场中某点
的磁场能量密度都可以用上式表示,它是普遍使用的公式.

  如果磁场是非均匀的,那么可以把磁场划分为无数体积元
$\mathrm{d}V$,在每个小体积内,磁场可以看成是均匀的,因此式(9-25)表
示为这些体积元内的磁场能量密度,于是体积为 $\mathrm{d}V$ 的磁场能
量为

$$\mathrm{d}W_{\mathrm{m}} = w_{\mathrm{m}}\mathrm{d}V = \frac{1}{2}BH\mathrm{d}V \qquad (9-26)$$

则磁场的总能量为

$$W_{\mathrm{m}} = \int_V w_{\mathrm{m}}\mathrm{d}V = \int_V \frac{1}{2}BH\mathrm{d}V \qquad (9-27)$$

本章提要

阅读材料

　　掌握并能熟练应用法拉第电磁感应定律和楞次定律来计算感应电动势,并判明其方向.理解动生电动势和感生电动势的本质.了解自感和互感的现象,会计算几何形状简单的导体的自感和互感.了解磁场具有能量和磁能密度的概念,会计算均匀磁场和对称磁场的能量.

一、电磁感应基本定律

产生感应电动势的条件:穿过回路的磁通量发生变化.

法拉第电磁感应定律　$\mathscr{E}_i = -\dfrac{\mathrm{d}\Phi}{\mathrm{d}t}$

感应电流　$I_i = \dfrac{\mathscr{E}_i}{R} = -\dfrac{1}{R}\dfrac{\mathrm{d}\Phi}{\mathrm{d}t}$

$\Delta t = t_2 - t_1$ 时间内内流过回路的电荷为　$q_i = \displaystyle\int_{t_1}^{t_2} I_i \mathrm{d}t = -\dfrac{1}{R}\Delta\Phi$

楞次定律:感应电动势的方向总是阻碍引起电磁感应的原因.

二、动生电动势与感生电动势

动生电动势
$$\begin{cases} \text{对于不成回路的导体}\,\mathscr{E}_i = \displaystyle\int_l (\boldsymbol{v}\times\boldsymbol{B})\cdot\mathrm{d}\boldsymbol{l} \\[2mm] \text{对于导体回路} \begin{cases} \mathscr{E}_i = \displaystyle\oint_l (\boldsymbol{v}\times\boldsymbol{B})\cdot\mathrm{d}\boldsymbol{l} \\[2mm] \text{或}\,\mathscr{E}_i = -\dfrac{\mathrm{d}\Phi}{\mathrm{d}t} \end{cases} \end{cases}$$

感生电动势:$\mathscr{E}_i = \displaystyle\oint_l \boldsymbol{E}_k\cdot\mathrm{d}\boldsymbol{l}$　或者　$\mathscr{E}_i = -\dfrac{\mathrm{d}\Phi}{\mathrm{d}t}$

三、自感与互感

自感系数　$L = \dfrac{\Psi}{I}$

自感电动势　$\mathscr{E}_L = -L\dfrac{\mathrm{d}I}{\mathrm{d}t}$

长直螺线管自感　$L = \mu n^2 V$

互感系数　$M = \dfrac{\Psi_{21}}{I_1} = \dfrac{\Psi_{12}}{I_2}$

互感电动势　$\mathscr{E}_{21} = -M\dfrac{\mathrm{d}I_1}{\mathrm{d}t},\ \mathscr{E}_{12} = -M\dfrac{\mathrm{d}I_2}{\mathrm{d}t}$

四、磁场的能量

自感线圈磁能　$W_m = \dfrac{1}{2}LI^2$

磁场能量密度 $w_{\mathrm{m}} = \dfrac{W_m}{V} = \dfrac{B^2}{2\mu}$

磁场能量 $W_{\mathrm{m}} = \displaystyle\int_V w_{\mathrm{m}}\mathrm{d}V = \int_V \dfrac{B^2}{2\mu}\mathrm{d}V$

习题 9

9-1 一面积为 S 的单匝平面线圈,以恒定角速度 ω 在磁感应强度 $\boldsymbol{B} = (B_0\sin\omega t)\boldsymbol{k}$ 的均匀外磁场中转动,转轴与线圈共面且与 $\boldsymbol{B}$ 垂直($\boldsymbol{k}$ 为沿 z 轴的单位矢量)。设 $t = 0$ 时线圈的正法向与 $\boldsymbol{k}$ 同方向,求线圈中的感应电动势.

9-2 如图所示,一长直导线中通有 $I = 0.5\ \mathrm{A}$ 的电流,在距导线 $9.0\ \mathrm{cm}$ 处,放一面积为 $0.10\ \mathrm{cm}^2$,10 匝的小圆线圈,线圈中的磁场可看成是均匀的. 今在线圈所在平面内把此线圈移至距长直导线 $10.0\ \mathrm{cm}$ 处. (1)求线圈中的平均感应电动势;(2)设线圈的电阻为 $1.0\times10^{-2}\ \Omega$,求通过线圈横截面的感应电荷.

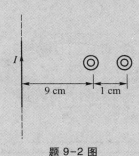

题 9-2 图

9-3 如图所示,一半径 $a = 0.1\ \mathrm{m}$,电阻 $R = 1.0\times10^{-3}\ \Omega$ 的圆形导体回路置于均匀磁场中,磁场方向与回路面积的法向之间的夹角为 $\pi/3$,若磁场变化的规律为 $B(t) = (3t^2 + 8t + 5)\times10^{-4}\ (\mathrm{T})$,求:(1)$t = 2\ \mathrm{s}$ 时回

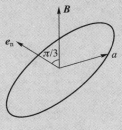

题 9-3 图

路的感应电动势和感应电流的大小;(2)最初 $2\ \mathrm{s}$ 内通过回路截面的电荷量.

9-4 如图所示,通有电流 I 的长直导线附近放有一矩形导体线框,该线框以速度 v 沿垂直于长导线的方向向右运动,设线圈长 l,宽 a,求在与长直导线相距 d 处线框中的感生电动势.

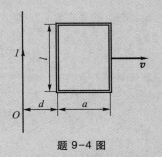

题 9-4 图

9-5 如图所示,一长直导线中通有电流 I,有一垂直于导线、长度为 l 的金属棒 AB 在包含导线的平面内,以恒定的速度 v 沿与棒成 θ 角的方向移动. 开始时,棒的 A 端到导线的距离为 a,求任一时刻金属棒中的动生电动势,并指出棒哪端电动势高.

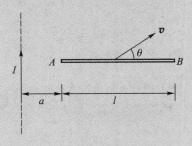

题 9-5 图

9-6 如图所示,载有电流 I 的长直导线附近,有一导体半圆环 MN 与长直导线共面,且端点 MN 的连线与长直导线垂直. 半圆环的半径为 R,环心 O 与导

线相距 d. 设半圆环以速度 v 平行于导线平移, 求半圆环内感应电动势的大小和方向以及 MN 两端电势的高低.

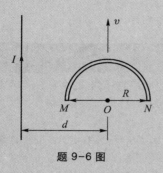

题 9-6 图

9-7　如图所示, 一长圆柱状磁场半径为 R, 其磁场变化率 $\dfrac{\mathrm{d}B}{\mathrm{d}t}$ 为正常量, 并垂直纸面方向向里. (1) 求圆柱内外感生电场的分布; (2) 如 $\dfrac{\mathrm{d}B}{\mathrm{d}t}=0.01$ T/s, $R=0.02$ m, 求距圆柱中心 $r=0.05$ m 处感生电场的大小和方向.

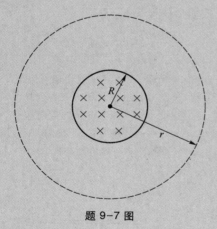

题 9-7 图

9-8　均匀磁场 $\boldsymbol{B}$ 被限制在半径 $R=10$ cm 的无限长圆柱空间内, 方向垂直纸面向里. 取一固定的等腰梯形回路 $abcd$, 梯形所在平面的法向与圆柱空间的轴平行, 位置如图所示. 设磁场以 $\dfrac{\mathrm{d}B}{\mathrm{d}t}=1$ T/s 匀速率增加, 已知 $\theta=\dfrac{\pi}{3}$, $Oa=Ob=6$ cm, 求等腰梯形回路中感生电动势的大小和方向.

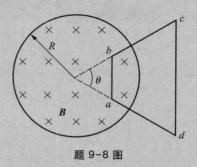

题 9-8 图

9-9　一矩形截面的螺绕环如题 9-9 图所示, 共有 N 匝. (1) 试求此螺绕环的自感系数; (2) 若导线内通有电流 I, 环内磁能为多少?

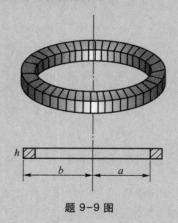

题 9-9 图

9-10　两同轴长直螺线管, 大管套着小管, 半径分别为 a 和 b, 长为 $L(L \gg a; a > b)$, 匝数分别为 N_1 和 N_2, 求互感系数 M.

第九章习题参考答案

第十章 波 动 光 学

光学是研究光的性质、传播及它与其他物质作用规律的科学．光的本性很早就引起了人们的注意．古希腊哲学家曾提出：太阳和其他一切发光与发热的物体都发出微小粒子，这些粒子能引起人们光和热的感觉．惠更斯最早比较明确地提出了光的波动说，在 1690 年出版的《论光》一书中写道："光如声音一样，以球形面的波传播，它相似于把石子投在水面上所观察到的波．"牛顿本人认为光的本质是运动着的微粒，但他后期察觉到光的波动性质，在《光学》一书中，曾经想把光的微粒说和波动说统一起来，但未成功．19 世纪 60 年代，麦克斯韦建立了光的电磁理论，认识到光是一种电磁波．到 19 世纪末 20 世纪初，人们又发现了光电效应等现象，经过实验验证最终把光的波动性和粒子性统一起来．关于光的粒子性，我们将在近代物理的章节里进行研究．本章我们主要通过光的干涉、衍射和偏振现象讨论光的波动性．

10.1 光源发光机理　光的相干性

光的本质是电磁波，具有波动的属性．在电磁波谱中，能引起人们视觉感应的光波波长范围为 400～760 nm，我们称之为可见光．光波和机械波的物理本质不同，但它们都是波，因此有波动的共同特征，即干涉、衍射等现象．波动光学以光的波动性为基础，分析光的干涉、衍射、偏振现象，研究光的传播规律．在研究规律之前，我们先了解一下光源的发光机理．

10.1.1 普通光源发光机理

能自己发光的物体称为光源，如太阳、电灯、蜡烛等．目前生活中我们常用的光源有两类：普通光源和激光光源．普通光源又分为热光源、冷光源等,其中热光源由热能激发,如太阳、白炽灯、弧光灯和卤钨灯等;冷光源由化学能、电能或光能激发,如目前市场上常见的 LED 光源、荧光灯和霓虹灯等. 各种光源的激发方式不同,辐射机理也不相同.

近代物理研究表明,原子或分子内部的能量是分立地处在一系列能级上的. 普通光源的发光则是处于高能级的原子或分子跃迁到低能级上时,两能级之间的能量差以光的形式发射出去. 这种能级跃迁是间歇性的,发光时间极短,仅持续约 10^{-8} s,且每次能级跃迁也是随机的,如图 10-1(a)所示. 因为光波是电磁波,因此每一个原子或分子的每一次发光实则是辐射出一段光波波列. 它具有一定的频率和一定的振动方向,如图 10-1(b)所示. 这种发光过程称为自发辐射. 普通光源的发光是内部大量原子或分子发出光波的总和. 由于每个原子或分子发光是断续的,每次发光形成一长度有限的波列,因此每个原子或分子每次发光相互独立,即在同一时刻,不同原子或分子所发出的光波的频率、振动方向和相位不是完全相同的. 即使同一个原子或分子在同一时刻发出的光波也不能满足频率、振动方向和相位三个因素全部相同.

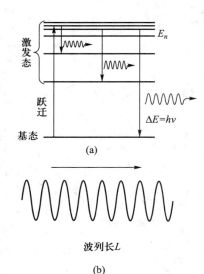

图 10-1   光源的发光机理

10.1.2 光的相干性

根据机械波的相关知识可知,两列波要获得稳定的干涉必须同时满足振动频率相同、振动方向相同和相位相同或者相位差恒定这三个条件,所以,两个普通光源所发出的光波不满足相干条件,即使同一个普通光源上的不同点发出的光波一般也不是相干光,如图 10-2 所示. 那么怎样才能获得相干光呢?获得相干光的基本方法如下,设法将光源上一微小区域发出的光(我们可以把它看成点光源)分成两束,让它们分别经过不同的路径,然后再使其相遇. 因为这两束光实际上是由来自同一个原子的同一次发光,因此这两列光波满足相干光的条件. 将同一光源发出的光分成两束的方法有两种:一种称为分波阵面法. 由于同一波阵面上各点的振动具有相同的相位,所以从同一波阵面上发出的两束光可以视为相干光源,如杨氏双缝干涉、劳埃德镜干涉等就用了这种方法;另一种方法称为分振幅法,即一束光射到两种介质的分界面时,一部分反射,一部分折射后再反射然后折射,分成两份或者若干份,从同一波列反射和折射出来的光可以视为相干光源,如薄膜干涉、劈尖干涉、牛顿环干涉等就采用了这种方法.

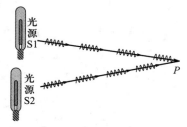

图 10-2   两个独立光源发出的光在空间相遇

当然以上获得相干光的方法是针对普通光源而言的．而激光本身就是相干光,所以来自不同激光器的光在空间相遇干涉是很容易实现的．

10.1.3 相干光的光强

波动过程是伴随着能量的传播的．能够引起人眼视觉及对感光器件起作用的是光的电场强度的振动,又称为光矢量．人眼和仪器能够分辨的光的强弱是由光波的能流密度大小来决定的．根据简谐波能量的相关知识可知,光的强度 I 是单位时间内通过与光波传播方向垂直的单位面积上的能量, I 正比于振幅的平方,即 $I \propto E^2$.

由于我们一般关心的是光强的相对分布,因此上式比例系数我们通常取 1,即

$$I = E^2 \qquad\qquad (10-1)$$

下面来分析当两列相干光相遇时的光强分布．

根据机械波的相关知识,两相干波在空间相遇,在相遇区间将产生干涉现象．那么两相干光波在相遇区间产生的合振幅 E 为多少呢?

假设两初相位相同的相干光源所发出的光振幅为 E_1 和 E_2,光强为 I_1 和 I_2,它们在空间 P 点相遇,则 P 点合成的光矢量 E 和光强分别根据公式(10-1)可得

$$E = \sqrt{E_1^2 + E_2^2 + 2E_1 E_2 \cos 2\pi \left(\frac{r_2}{\lambda_2} - \frac{r_1}{\lambda_1} \right)}$$

则 $I = I_1 + I_2 + 2\sqrt{I_1 I_2} \cos \Delta\varphi$,其中 $\Delta\varphi = 2\pi \left(\dfrac{r_2}{\lambda_2} - \dfrac{r_1}{\lambda_1} \right)$.

可见,两相干光相遇处的光强是由相位差调节的,进一步讲是与位置有关．

10.2　光程

10.2.1 光程　光程差

在上节中我们提到,干涉现象与两相干光波到达空间相遇点

的相位差有关．当两相干光在同种介质中传播时，它们在相遇点的相位差仅与两相干光到达相遇点的几何路程差有关．但是，当两相干光在不同的介质中传播时，例如一束光在空气中传播，另一束光在玻璃中传播时，它们在空间 P 点相遇，两相干光的相位差就不仅仅与它们传播的几何路程相关了．

在机械波中我们讲到，频率由波源本身性质决定，波速由传播介质决定，因此波长是与波源和介质两者都相关的物理量．下面我们来推导两相干光在不同介质中传播时，在相遇点的相位差．

假设从初相位相同的两相干光源 S_1 和 S_2 发出的两相干光分别在折射率为 n_1 和 n_2 的介质中传播，在 P 点相遇，P 与光源 S_1 和 S_2 的距离分别为 r_1 和 r_2，如图 10-3 所示．

光在真空中的波速为 c，光在折射率为 n 的介质中传播的波速为 u，则

$$u = \frac{c}{n}$$

由此可得光在介质中的波长 λ_n 与在真空中的波长 λ 的关系为

$$\lambda_n = \frac{u}{\nu} = \frac{c}{n\nu} = \frac{\lambda}{n} \qquad (10\text{-}2)$$

其中，ν 为光的频率．

代入 10.1 节中相位差的公式：

$$\Delta\varphi = 2\pi\left(\frac{r_2}{\lambda_2} - \frac{r_1}{\lambda_1}\right) = \frac{2\pi}{\lambda_0}(n_2 r_2 - n_1 r_1) \qquad (10\text{-}3)$$

上式表明，相位差与几何路程以及光所经历的介质的折射率有关．我们把光在某种介质中经历的几何路程与该介质的折射率的乘积 nr 称为光程：

$$nr = \frac{c}{u}r = c\,\frac{r}{u} = ct \qquad (10\text{-}4)$$

可见光程是一个折合量，它等于光在经历与介质中相同的时间间隔内，在真空中通过的路程．即在相位变化相同的条件下，把光在介质中传播的几何路程折合为光在真空中传播的路程，这就是光程的物理意义．

把两束光分别在两种介质中传播的光程的差值称为光程差 $\Delta = n_2 r_2 - n_1 r_1$，则式（10-3）变为

$$\Delta\varphi = \frac{2\pi}{\lambda_0}(n_2 r_2 - n_1 r_1) = \frac{2\pi}{\lambda_0}\Delta$$

根据波动理论，可以得到初相位相同的两相干光源发出的光干涉极大和干涉极小的条件为

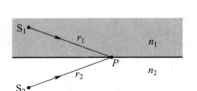

图 10-3 两束相干光在不同介质中的传播与相遇

$$\Delta\varphi = \frac{2\pi}{\lambda_0}\Delta = \begin{cases} \pm 2k\pi & \text{加强} \\ \pm(2k+1)\pi & \text{减弱} \end{cases} \quad (10-5)$$

或可以通过光程表述为

$$\Delta = \begin{cases} \pm k\lambda & \text{加强} \\ \pm(2k+1)\dfrac{\lambda}{2} & \text{减弱} \end{cases} \quad (10-6)$$

式中，$k = 0，1，2，\cdots$.

例 10-1

如图 10-4 所示，光波分别从两相干光源传至 P 点，试讨论两束光到达 P 点的光程差.

解： S_1 光源发出的光在折射率为 n 的介质中传播，所以传播到 P 点的光程为 nr_1. S_2 光源发出的光 $r_2 - e$ 的路程是在折射率为 n 的介质中传播，e 的路程是在折射率为 n' 的介质中传播，所以传播到 P 点的光程为 $(r_2-e)n + n'e$，因此两束光到达 P 点的光程差为

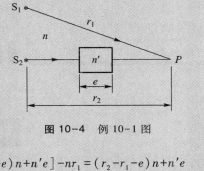

图 10-4　例 10-1 图

$$\Delta = [(r_2-e)n + n'e] - nr_1 = (r_2-r_1-e)n + n'e$$

10.2.2 透镜的等光程性

在光学实验中经常要使用薄透镜改变光的传播方向，下面利用光程的知识来定性分析透镜不会引起附加的光程差.

由几何光学可知，平行光通过透镜后，会聚于焦平面上，形成一个亮点，如图 10-5(a)所示. 平行光束的同相面是与光线垂直的平面，A、B、C 点的相位相同，AF、BF、CF 的几何路程不同，虽然

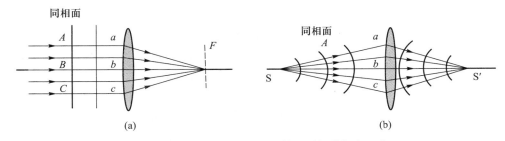

图 10-5　透镜不引起附加光程差

BF 的几何路程最短,但是其在透镜中经过的几何路程是最长的,由于透镜材料的折射率大于真空的折射率(约为 1),折算成光程时,AF、BF、CF 的光程是相同的,三者产生了相同的相位变化,所以会聚时相干加强,变亮. 图 10-5(b)显示的是一球面光,透镜主轴上的点光源 S 在焦平面上 S′处成像. 同理,SaS'、SbS'、ScS' 三者的几何路程虽然不同,但是三者的光程是相同的,也就是说,从物点到像点各光线产生了相同的相位变化,因此得到明亮的实像. 从以上分析可以得出结论,透镜仅改变光波的传播方向,不会引起附加的光程差,从物点到像点的各光线都具有相同的光程,这就是透镜的等光程原理.

10.3 分波振面干涉

10.3.1 杨氏双缝干涉实验

普通光源发出的光可以通过由同一波阵面上的不同部分产生的相干子波的分波阵面干涉法来实现稳定的干涉.1801 年,英国的物理学家托马斯·杨通过巧妙的设计利用普通光源成功地获得了稳定的干涉图样,这个著名的杨氏双缝干涉实验就属于分波阵面干涉.

杨氏双缝干涉实验的装置如图 10-6 所示.

图 10-6 中普通单色光源后放置一遮光屏,屏上有狭缝 S,S 被光源照射形成一个线光源,S 后不远处放置另一个遮光屏,屏上有与 S 平行且等距离的两平行狭缝 S_1 和 S_2,两缝之间的距离很小. 在双缝后放置一观察屏,则屏上出现一系列稳定的与狭缝平行的明暗相间的等间距条纹,如图 10-7 所示.

下面我们对杨氏双缝干涉的结果进行定性分析.

图 10-8 给出了实验定性分析示意图. 在实验中,由光源 S_0 发出的光的波阵面同时到达 S_1 和 S_2,根据惠更斯原理,S_1 和 S_2 是两个子光源,两者具有和光源 S_0 相同的频率、相同的振动方向,在其后的相遇处,两列光波具有不随时间改变的相位差,因此 S_1 和 S_2 是两个相干光源,两者发出的光波满足相干条件,在观察屏上出现的不随时间变化的稳定的明暗相间的

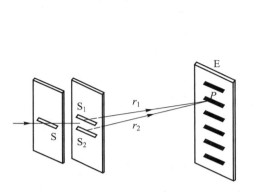

图 10-6　杨氏双缝干涉实验示意图

图 10-7　杨 氏 双
缝干涉实验条纹

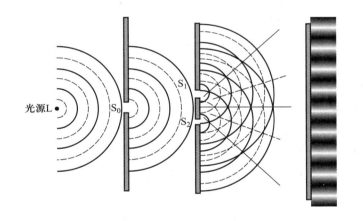

图 10-8　杨氏双缝干涉实验的定
性分析示意图

条纹就是干涉的结果．由于 S_1 和 S_2 是从 S 发出的波阵面上获得的两部分，因此把这种获得相干光的方法称为分波阵面干涉法．

现在我们通过图 10-9 利用光程及光程差来分析杨氏双缝干涉的实验现象及结果．

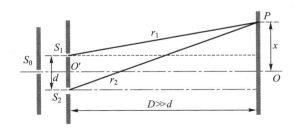

图 10-9　杨氏双缝干涉实验定量
分析示意图

设相干光源 S_1 和 S_2 之间的距离,即双缝间距为 d,双缝到观察屏的距离为 $D(D \gg d)$,OO' 为双缝的垂直平分线. 在屏幕上任意一点 P 到 S_1 和 S_2 的距离分别为 r_1 和 r_2,P 到观察屏中心 O 的距离为 x. 根据直角三角形的边长关系可以得到

$$r_1^2 = D^2 + \left(x - \frac{d}{2} \right)^2$$

$$r_2^2 = D^2 + \left(x + \frac{d}{2} \right)^2 \tag{10-7}$$

由此推出

$$r_2^2 - r_1^2 = (r_2 - r_1)(r_2 + r_1) = 2xd \tag{10-8}$$

因为 $D \gg d$,故

$$r_2 + r_1 \approx 2D$$

代入式(10-8),可得 S_1P 和 S_2P 的光程差为

$$\Delta r = r_2 - r_1 = \frac{xd}{D}$$

根据式(10-6),如果入射光的波长为 λ,则

$$\Delta r = \frac{xd}{D} = \pm k\lambda$$

即

$$x = \pm k \frac{D\lambda}{d} \quad k = 0, 1, 2, \cdots \tag{10-9}$$

时出现两光束干涉加强,该处为明条纹的位置中心. 其中,$k = 0$ 对应的明纹称为中央明纹,$k = 1, 2, \cdots$ 对应的明纹分别称为第一级明纹、第二级明纹……

若

$$\Delta r = \frac{xd}{D} = \pm (2k+1) \frac{\lambda}{2}$$

即

$$x = \pm \frac{D}{d} (2k+1) \frac{\lambda}{2} \quad k = 0, 1, 2, \cdots \tag{10-10}$$

时出现两光束干涉减弱,该处为暗条纹的位置中心. $k = 0, 1, 2, \cdots$ 对应的暗纹分别称为第一级暗纹、第二级暗纹……

进一步根据式(10-9)和式(10-10)我们可以计算出,相邻两明纹或相邻两暗纹中心的间距均为 $\Delta x = \frac{D\lambda}{d}$,可见杨氏双缝干涉实验的条纹是等间距分布的.

杨氏双缝干涉实验的成功为光的波动理论奠定了基础.

例 10-2

如图 10-10 所示，将一折射率为 1.58 的云母片覆盖于杨氏双缝的一条缝上，使得屏上原中央明纹变为第 5 级明纹，假定 $\lambda = 550$ nm. 求云母片厚度 h.

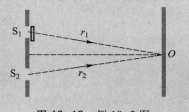

图 10-10 例 10-2 图

解： 根据光路图可知，屏上原中央明纹的位置由于覆盖了云母片，S_1 光束到达 O 点的光程发生变化，假设云母片的折射率为 n，则光程为 $r_1 - h + nh$；S_2 光束到达 O 点的光程不变，因此，两光束在 O 点的光程差也发生变化：

$$\Delta = (r_1 - h + nh) - r_2 = (r_1 - r_2) + (n-1)h$$

因为 O 点为屏上原中央极大处且为屏幕中心，所以 $r_1 = r_2$，因此有

$$\Delta = (n-1)h$$

根据题意，覆盖了云母片后 O 点处变为第 5 级明纹的中心，所以

$$h = \frac{k\lambda}{n-1} = \frac{5 \times 550 \times 10^{-9}}{1.58 - 1} \text{m} = 4.74 \times 10^{-6} \text{ m}$$

10.3.2 劳埃德镜实验　半波损失

劳埃德于 1834 年提出了一种更简单的获得干涉现象的装置，如图 10-11 所示.

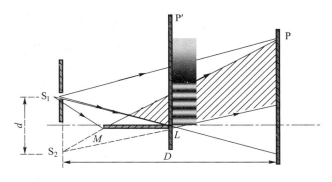

图 10-11 劳埃德镜实验示意图

ML 是一块平板反射镜，S_1 是一个线光源，且放置在离平面镜很远并靠近 ML 所在平面的地方. 从光源发出的光波，一部分掠射到平面镜上，经反射到达屏上；另一部分直接照射到屏上. 这两部分光同样是由分波阵面法得到的相干光. 反射光可看成是由虚光源 S_2 发出的，S_1 和 S_2 构成一对相干光源，图中阴影部分为相干区域. 类似于杨氏双缝干涉实验，平面镜 ML 所在的位置对

应 S_1 和 S_2 双缝的垂直平分线,在观察屏 P 的相干区域内可以看到一系列明暗相间的条纹. 当我们移动观察屏到 P′,使其与平面反射镜的一端 L 处相交时,实验结果显示 L 处并没有出现类似杨氏双缝干涉实验的中央明纹,而是出现了暗纹,这说明两光束在该点的相位相反(相位差为 π). 从 S_1 狭缝出射的光直接传播到观察屏不可能发生突变,只可能是反射光(假设从虚拟狭缝 S_2 出射的光)相位发生了突变(相位超前或者滞后了 π). 实验表明,当光从光疏介质(折射率小)射到光密介质(折射率大)时,反射光的相位相对于入射光的相位发生了的 π 的变化,相应的反射光少"走"(或者多"走"了)半个波长,这称为半波损失. 这里我们要强调的是透射光不发生半波损失.

10.4 分振幅干涉

如图 10-12(a)所示,利用光在介质表面的反射和折射将同一光束分成多束也可以获得相干光,这种方法称为分振幅干涉法.

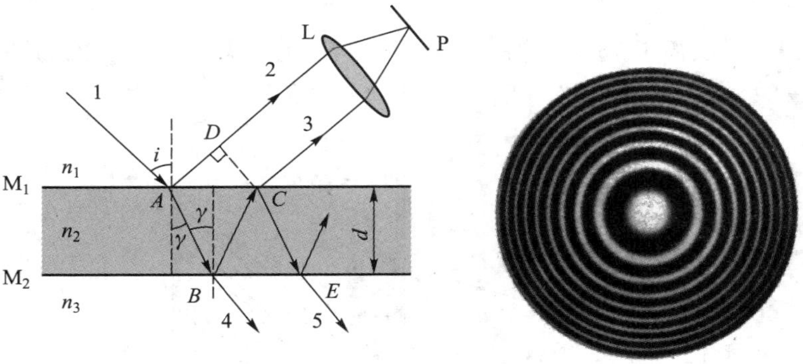

图 10-12 分振幅干涉法实验示意图

(a)　(b)

厚度为 d,折射率为 n_2 的薄膜上表面上方的介质折射率为 n_1,薄膜下表面下方的介质折射率为 n_3,一束在真空中波长为 λ 的单色光以入射角 i 入射到薄膜上表面 A 点,经薄膜的反射形成光束 2,同时以折射角 γ 折射进入薄膜. 折射光到达薄膜下表面 B 点,在薄膜内反射回到薄膜上表面折射出去,形成光束 3,在 B 点反射的同时折射产生光束 4.2 和 3 是两束平行光,由于二者是从同一光束 1 获得的,因此二者具有相同的频率、相同的振动方向,二者经透镜相遇时具有恒定的相位差,因此光束 2 和 3 是相干光束,它们经过透镜会聚在焦平面上时会在观察屏上产生干涉图样.

通常光源不是单一点,而是有一定大小的发光平面,即扩展光源,此时照射在薄膜上的不是平行光束.对于厚度均匀的薄膜,在非平行光入射时,入射角(倾角)i 相等的光线形成同一级干涉条纹,如图 10-12(b)所示,这种情况称为等倾干涉.

日常生活中薄膜干涉现象随处可见,例如马路上的油膜,还有洗衣服的肥皂膜,以及玩具泡泡吹出来的肥皂泡,它们在阳光的照射下都会呈现彩色花纹.一般薄膜干涉中情况比较复杂,下面我们主要讨论入射角为 0°,即垂直入射情况下薄膜的干涉情况.

薄膜干涉可以分为均匀薄膜干涉和非均匀薄膜干涉.

10.4.1 均匀薄膜干涉

首先,假设折射率为 n_1 的介质中放置一折射率为 n_2 的均匀薄膜,薄膜厚度为 d,现在我们讨论薄膜表面反射光和透射光的干涉,如图 10-13 所示.

图 10-13(a)中,两束反射光干涉的光程差分为两部分,一部分来源于两束光由于传播的几何路程不同,由此会引起光程差;另一部分则来源于光波在界面反射时可能会引入附加光程差,详细分析见 10.2 节.通过分析我们发现,无论 $n_2<n_1$,还是 $n_2>n_1$,两束反射光的光程差均为

$$\Delta = 2n_2d + \frac{d}{2} \qquad (10-11)$$

根据干涉条件:

$$\Delta = 2n_2d + \frac{d}{2} = \begin{cases} \pm k\lambda & \text{加强} \\ \pm(2k+1)\dfrac{\lambda}{2} & \text{减弱} \end{cases} \quad k = 0,1,2,\cdots$$

$$(10-12)$$

同理分析,图 10-13(b)中,无论 $n_2<n_1$,还是 $n_2>n_1$,两束透射光干涉的光程差均为

$$\Delta = 2n_2d \qquad (10-13)$$

根据干涉条件:

$$\Delta = 2n_2d = \begin{cases} \pm k\lambda & \text{加强} \\ \pm(2k+1)\dfrac{\lambda}{2} & \text{减弱} \end{cases} \quad k = 0,1,2,\cdots \quad (10-14)$$

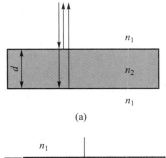

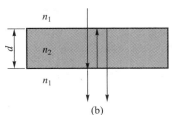

图 10-13 均匀薄膜反射光和透射光干涉示意图

这里需要注意的是,从式(10-12)和式(10-14)中我们发现,当光垂直入射到薄膜时,干涉加强或减弱由薄膜厚度决定.干涉加强时可观察到一片亮,减弱时可观察到一片暗.均匀薄膜的干涉图样是无干涉条纹的.均匀薄膜干涉在实际应用中通过薄膜上下表面反射光和透射光的干涉可以调节光学器件的反射率和透射率.

下面大家思考一下,如果薄膜上表面和下表面的折射率不同,上表面、薄膜和下表面的折射率依次为 n_1、n_2 和 n_3,那么薄膜上表面的反射光的光程差和下表面透射光的光程差又分别是多少呢?

下面我们通过举例来进行说明.

例 10-3

为了减少入射到镜头里的光能的损失,通常在透镜表面镀一层厚度为 d 的氟化镁薄膜.如图 10-14(a)所示,在玻璃($n_3=1.60$)表面镀有一层 MgF_2($n_2=1.38$)薄膜作为增透膜.为了使波长为 500 nm 的光从空气($n_1=1$)正入射时尽可能少反射,MgF_2 薄膜的最小厚度是多少?

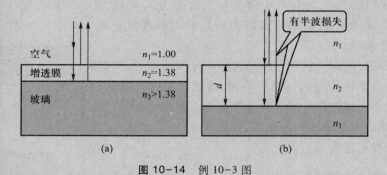

图 10-14 例 10-3 图

解: 图 10-14(b)为增透膜的分析示意图.

因为 $n_1<n_2<n_3$,所以上、下两界面的反射光均有半波损失,则两束反射光的光程差为 $\Delta=2n_2d$,根据干涉条件,当 $\Delta=(2k+1)\frac{\lambda}{2}$,$k=0,1,2,\cdots$ 时,两反射光干涉减弱.因为反射光和透射光的总能量是守恒的,所以反射光干涉减弱,那么透射光则干涉加强,这样的薄膜称为增透膜,即

$$2n_2d=(2k+1)\frac{\lambda}{2}$$

当 $k=0$ 时,薄膜的厚度最小为 $d=\frac{\lambda}{4n}=90.6$ nm.

实际应用中,利用薄膜干涉也可以制成增反膜(或高反膜).将增透膜的氟化镁改为硫化锌(ZnS,$n=2.40$)时,薄膜在上表面和下表面反射时,仅上表面反射光产生半波损失,因而反射光相干加强,相应的透射光干涉减弱.

10.4.2 非均匀薄膜干涉

非均匀厚度的薄膜,在平行光入射时,薄膜厚度相等的位置形成同一级干涉条纹,这种干涉也称为等厚干涉. 实验中观察等厚干涉的常见装置是劈尖和牛顿环.

1. 劈尖

两块平面玻璃板,将它们一端的棱边相互接触,另一端用直径为 D 的细丝隔开,细丝的直径非常小(为了方便说明,图中细丝的直径特别予以放大). 此时,在两玻璃片间形成一端薄、一端厚的薄层,这一薄层称为空气劈尖,如图 10-15(a) 所示. 两玻璃片重合端的交线称为棱边,夹角 θ 非常小.

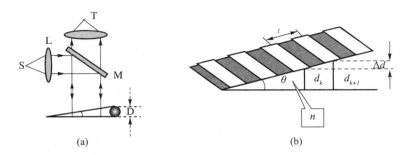

图 10-15　劈尖干涉实验示意图

当平行单色光垂直照射在平板玻璃片上时,劈尖上、下表面的反射光在上表面相遇发生干涉,劈尖表面出现一组平行于棱边的明暗相间的条纹,如图 10-15(b) 所示. 理论上,由于上、下两个表面并不平行,因此上表面和下表面的反射光之间会有一个夹角. 实际上,由于 θ 很小,上、下两表面的反射光线几乎重合. 因为这两条光线是从同一条入射光线分出来的,所以是相干光,而它们的振幅都要小于入射光线,相当于振幅被分割,这种获得相干光的方法就是分振幅法.

当劈尖的折射率为 n 时,在薄膜厚度为 d 处的上、下表面反射光的光程差为

$$\Delta = 2nd + \frac{\lambda}{2} \qquad (10-15)$$

根据干涉条件:

$$\Delta = 2nd + \frac{\lambda}{2} = \begin{cases} k\lambda & k=1,2,3,\cdots \text{ 加强} \\ (2k+1)\dfrac{\lambda}{2} & k=0,1,2,3,\cdots \text{ 减弱} \end{cases} \qquad (10-16)$$

由于劈尖薄膜的厚度不均匀,但是同一厚度处对应的是同一级干涉条纹,薄膜厚度越大,干涉级数越高,因此称为等厚干涉.

接下来我们对劈尖干涉实验现象进行讨论分析.

讨论:

(1)因为距离棱边相等距离处,薄膜的厚度相同,根据式(10-16),劈尖干涉是一组平行于棱边的明暗相间的直条纹(位于表面).

(2)棱边处薄膜厚度为零,两反射光的光程差为 $\Delta = \dfrac{\lambda}{2}$,满足干涉减弱的条件,因此棱边处呈现的是暗纹,称为零级暗纹.

(3)根据干涉条件可以得出,任意相邻两明纹或暗纹,即第 $k+1$ 级明(暗)纹和第 k 级明(暗)对应的薄膜厚度差为

$$\Delta d = d_{k+1} - d_k = \frac{1}{2n}(k+1)\lambda - \frac{1}{2n}k\lambda = \frac{\lambda}{2n} \qquad (10-17)$$

(4)相邻两明纹或暗纹的间距为

$$l = \frac{\Delta d}{\sin\theta} = \frac{\lambda}{2n\sin\theta} \approx \frac{\lambda}{2n\theta} \qquad (10-18)$$

在工程技术中常用劈尖干涉来测量细丝的直径和薄片的厚度.制造半导体元件时,需要精确地测量硅片上的二氧化硅（SiO_2）薄膜的厚度,通常利用化学方法把 SiO_2 薄膜一部分腐蚀掉,形成劈尖,如图 10-16(a)所示,然后用已知波长的单色光照射,在显微镜中数出干涉条纹的数目,就可求出 SiO_2 薄膜的厚度.干涉膨胀仪利用空气劈尖干涉原理来测量材料受热后微小长度的变化,图 10-16(b)为它的结构示意图.任何相邻两明纹或暗纹之间的厚度差为 $\dfrac{\lambda}{2}$.因此,如果某处空气薄膜的厚度改变 $\dfrac{\lambda}{2}$,那么在显微镜下,我们将会观察到该处干涉条纹由亮逐渐变暗再变亮(或者由暗逐渐变亮再变暗)的过程,这意味着干涉条纹移动了一级.因此,当干涉条纹移动了 N 条时,该处的空气膜

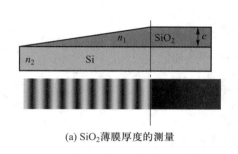

(a) SiO_2薄膜厚度的测量

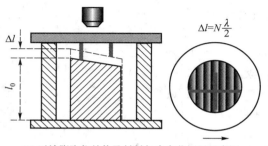

(b) 干涉膨胀仪结构及材料长度变化测量示意图

图 10-16

的厚度将改变 $N\dfrac{\lambda}{2}$ 的距离.

例 10-4

如图 10-17 所示,一束波长为 $\lambda = 589.3$ nm 的黄光垂直照射到空气劈尖的光学平晶上,两块平晶一端接触,另一端夹有一根细丝,且细丝处刚好为明纹. 经测量,空气劈尖共有明纹 272 条. 求细丝的直径.

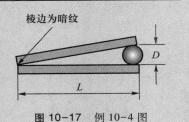

图 10-17 例 10-4 图

解： 两块玻璃片间形成空气劈尖膜,空气的折射率 $n = 1$,根据式(10-15),空气膜上、下表面反射光的光程差为

$$\Delta = 2d + \frac{\lambda}{2}$$

根据题意,干涉产生明纹的条件为

$$\Delta = 2d + \frac{\lambda}{2} = k\lambda \quad k = 1, 2, \cdots$$

因为棱边为暗纹,所以当 $d = D$, $k = 272$ 时,金属丝的直径为

$$D = \frac{(2k-1)\lambda}{4} = 8.0 \times 10^{-5} \text{ m}$$

---

2. 牛顿环

在一块平整的光学玻璃片上放置一个曲率半径(R)很大的平凸透镜,在它们之间形成一上表面为球面、下表面为平面,且厚度不均匀的空气薄膜. 当平行光垂直照射在平凸透镜时,从空气层的上表面和下表面分别产生两束反射光,这两束反射光是相干光,它们相互干涉,在空气层表面形成等厚干涉条纹. 在显微镜下可以观测到以平凸透镜与平板玻璃接触点为中心的一组由同心圆环构成的干涉条纹,称为牛顿环,如图 10-18(b)所示.

当平凸透镜与平板玻璃之间是空气薄膜时,薄膜上下表面的两束反射光在膜厚为 d 处的光程差为

$$\Delta = 2d + \frac{\lambda}{2} \quad (10-19)$$

根据干涉条件：

$$\Delta = 2d + \frac{\lambda}{2} = \begin{cases} k\lambda & k = 1, 2, 3, \cdots \quad \text{加强} \\ (2k+1)\dfrac{\lambda}{2} & k = 0, 1, 2, 3, \cdots \quad \text{减弱} \end{cases} \quad (10-20)$$

由几何关系可以得到

$$r^2 = R^2 - (R-d)^2 = 2dR - d^2$$

由于 $R \gg d$,可略去 d^2,得到

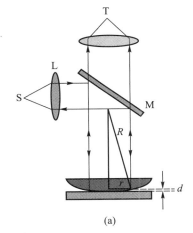

(a)

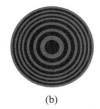

(b)

图 10-18 牛顿环实验示意图

$$r = \sqrt{2dR} = \sqrt{\left(\Delta - \frac{\lambda}{2}\right) R}$$

代入式(10-20)干涉条件,可以得到明环半径为

$$r = \sqrt{\left(k - \frac{1}{2}\right) R\lambda} \quad k = 1, 2, \cdots \qquad (10-21)$$

暗环半径为

$$r = \sqrt{kR\lambda} \quad k = 0, 1, 2, \cdots \qquad (10-22)$$

接下来我们对牛顿环干涉实验现象进行讨论分析.

讨论:

1. 由明、暗环半径公式可知,在图10-18(b)中,越靠近中心干涉级次越低,越远离中心干涉级次越高. 由于在同一个厚度 d 处产生的是同一级干涉条纹,因此牛顿环干涉属于等厚干涉. 条纹为一组明暗相间、里疏外密的同心圆环.

思考:上述实验中我们观察到,从反射光中观测,中心为暗纹;那么大家想一下从透射光中观测,中心是明纹还是暗纹呢?

2. 将牛顿环置于 $n>1$ 的液体中,条纹如何变化?

如果牛顿环装置浸入 $n>1$ 的液体,光在液体中传播的波长发生改变,为真空中波长的 $\frac{1}{n}$ 倍,此时牛顿环的半径为真空中牛顿环半径的 $\sqrt{\frac{1}{n}}$,即

$$r_{明} = \sqrt{\left(k - \frac{1}{2}\right) R \frac{\lambda}{n}} \quad k = 1, 2, \cdots$$
$$r_{暗} = \sqrt{kR \frac{\lambda}{n}} \qquad k = 0, 1, \cdots \qquad (10-23)$$

在工程技术中,常用牛顿环测定光波的波长或透镜的曲率半径. 在光学冷加工车间,人们常常通过牛顿环来检测透镜表面曲率是否合格.

例 10-5

在牛顿环测未知单色光波长的实验中,当用波长为 589.3 nm 的光垂直照射时,测得第 k 级暗环的直径为 10.86 mm,第 $k+5$ 级暗环的直径为 15.36 mm;当用波长未知的单色光垂直照射时,测得第 m 级暗环的直径为 11.26 mm,第 $m+5$ 级暗环的直径为 15.92 mm,求平凸透镜的曲率半径及此单色光的波长.

解：根据牛顿环的暗环半径公式有

$$D_k = 2\sqrt{kR\lambda}$$

$$D_{k+5} = 2\sqrt{(k+5)R\lambda}$$

所以，平凸透镜的曲率半径为

$$R = \frac{D_{k+5}^2 - D_k^2}{20\lambda} = 10.0 \text{ m}$$

同理应用牛顿环的暗环半径公式可求解出未知入射光的波长为

$$\lambda = \frac{D_{m+5}^2 - D_m^2}{20R} = 633.0 \text{ nm}$$

10.5 光的衍射 单缝夫琅禾费衍射

衍射现象是波动的另一重要特征．波在传播过程中遇到障碍物时，能绕过障碍物的边缘继续传播，这种偏离直线传播的现象称为波的衍射现象．例如水波可以绕过闸口，声波可以绕过门窗，无线电波可以绕过高山等，这些都是波的衍射现象．光波也同样存在着衍射现象，但是由于光的波长很短，因此在一般光学实验中，衍射现象并不显著．只有光波遇到与其波长可以比拟的障碍物时，才会出现衍射现象，并产生明暗相间的衍射图样，图10-19 为几种常见的孔缝及障碍物的衍射图样．

10.5.1 惠更斯-菲涅耳原理

根据机械波中提到的惠更斯原理，可以定性地解释光波可以绕过障碍物传播的现象，但却无法解释光的衍射图样中光强的分布．1818 年，菲涅耳用子波的叠加与干涉补充了惠更斯原理．菲涅耳提出假设：同一波阵面上的各子波源是相干波，各相干子波向前传播的过程中，在空间相遇时发生相干叠加而产生干涉现象．衍射区域各点的强度由各子波在该点的相干叠加决定．这就是惠更斯-菲涅耳原理．

如图10-20 所示，为了定量计算 S 处的波面所发出的光波传播到 P 点的光强，根据惠更斯-菲涅耳原理，把 S 处的波阵面分成很多小面积元 ΔS，每一个面积元都是子波波源，P 点的光振动振幅是这些小面积元 ΔS 发出的子波在该点振动的矢量和，即得

(a) 圆孔

(b) 狭缝

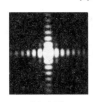

(c) 方孔

(d) 其他障碍物

图 10-19 几种常见的孔缝及障碍物的衍射图样

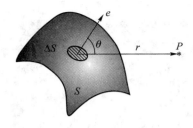

图 10-20　惠更斯-菲涅耳原理

出 P 点处的光强．当然 P 点合振动振幅的计算是一个非常复杂的积分问题,本书不讲解它的计算问题．

　　根据光源、衍射屏和接收屏三者之间的位置关系,可以把衍射分为两类．一类是光源和接收屏都距离衍射屏为有限远时的衍射,称为菲涅耳衍射,又称为近场衍射,如图 10-21(a)所示;另一类是当把光源和接收屏都移至无穷远时的衍射,称为夫琅禾费衍射,又称为远场衍射,如图 10-21(b)所示．实验室中是通过透镜形成平行光束或者将平行光束会聚来实现无限远这一条件,从而完成夫琅禾费衍射实验．

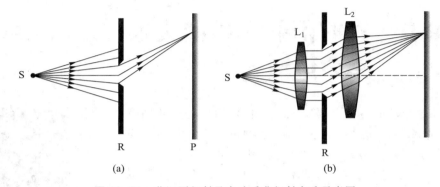

图 10-21　菲涅耳衍射及夫琅禾费衍射实验示意图

　　夫琅禾费实验的实现:把光源放在透镜 L_1 的焦平面上,光从透镜穿过形成平行光束．平行光束照射在衍射屏上,穿过衍射屏,经过透镜 L_2,会聚在透镜 L_2 的焦平面上．这样,到达单缝的光和衍射光都是平行光．夫琅禾费衍射的分析和计算相对简单,在实际工作中用得最多,故本书只讨论夫琅禾费衍射．

10.5.2 夫琅禾费单缝衍射

　　图 10-22 为单缝夫琅禾费衍射实验装置示意图．S 为一单色点光源,位于薄透镜 L_1 的左焦点上,通过薄透镜变成平行光,通过一水平放置的狭缝,经双凸透镜 L_2 会聚于放在焦平面上的接收屏,呈现出一系列平行于狭缝的衍射条纹．

　　由于惠更斯-菲涅耳原理积分计算相当复杂,接下来我们用菲涅耳半波带法来分析单缝夫琅禾费衍射现象,以及产生明暗纹的条件．

　　如图 10-23 所示,假设单缝的宽度为 b,在平行光垂直照射下,位于单缝所在处的波阵面 AB 上各点所发出的子波沿各个方

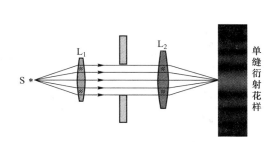

图 10-22 单缝夫琅禾费衍射实验

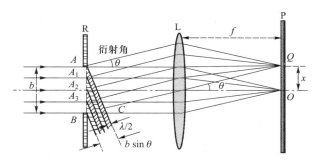

图 10-23 菲涅耳半波带法示意图

向传播．相同传播方向的子波通过透镜会聚在接收屏 P 上同一个点 Q．我们把衍射后沿某一方向传播的子波波线与缝面法线之间的夹角，称为衍射角．

首先，我们考虑沿着入射光方向传播的衍射光，它们从 AB 波阵面发出时相位相同，经透镜会聚于屏上 O 点．因为透镜不引起附加光程差，当它们会聚于 O 点时，相位仍然相同，所以它们在 O 点的光振动是相干加强的，即 O 点产生衍射明纹，称为中央明纹．

其次，我们分析沿衍射角 θ 方向的光线，这些光线到达 O 的光程并不相等．我们从单缝上边缘的 A 点向下边缘的光线作垂线，并交于 C 点．从 AC 波阵面发出的各光线到达 Q 点的光程相等，所以从 AB 波阵面所发出的光线到达 Q 点的光程差等于从 AB 面到 AC 面的光程差．单缝上、下两边缘处的衍射光线之间的最大光程差为

$$|BC| = b\sin\theta \qquad (10\text{-}24)$$

Q 点衍射条纹的明暗完全由光程 $|BC|$ 决定．菲涅耳在惠更斯-菲涅耳原理的基础上，提出了将波阵面分割成许多等面积的波带的方法，并进一步假设各个波带发出的子波强度相等，且相邻两波带的任意两个对应点发出的子波的光程差恒等于 $\frac{\lambda}{2}$，即相位差恒为 π．由菲涅耳的半波带法分析可知，接收屏上 Q 点的强度，正是取决于这最大的光程差．

在图 10-23 单缝衍射实验中，我们可以作一系列平行于 AC 的平面，使得两平面之间的距离等于入射光的半波长 $\frac{\lambda}{2}$．这些平面同时也将单缝处的波阵面 AB 分成 AA_1，A_1A_2，A_2A_3，A_3B 等整数个波带，称其为半波带．根据菲涅耳假设，这些半波带的面积相等，因此它们在 Q 点引起的光振幅接近相等．又由于相邻两波带

对应点所发出的子波相位差为 π, 经透镜会聚在 Q 点时将完全抵消. 因此, 当 BC 分为偶数个半波带时, 所有波带成对地相互抵消, 在会聚点出现暗纹; 当 BC 是半波长的奇数倍时, 其中的偶数个半波带对应相消, 最后剩下一个半波带, 造成会聚点出现明纹. 这就是菲涅耳半波带分析法.

以上分析可以用数学式表示为

$$b\sin\theta = \begin{cases} \pm 2k\dfrac{\lambda}{2} = \pm k\lambda & \text{暗条纹} \\[2mm] \pm(2k+1)\dfrac{\lambda}{2} & \text{明条纹} \\[2mm] 0 & \text{中央明纹} \end{cases} \qquad k=1,2,3,\cdots \tag{10-25}$$

上式中的 $\dfrac{\lambda}{2}$ 前面的系数称为半波带的数目. 式中 k 不能取零, 这是因为根据产生暗纹的条件, 若 $k=0$ 对应着 $\theta=0$, 但这是产生中央明纹的中心. 而根据产生明纹的条件, 若 $k=0$, 则对应 $a\sin\theta = \pm\dfrac{\lambda}{2}$, 很明显这并不是产生中央明纹的中心, 与实验结果并不相符.

此外, 我们必须强调的是, 对任意衍射角 θ 而言, BC 不一定恰好分成整数个波带. 此时, 衍射光束经透镜会聚后, 在屏幕上形成介于最明与最暗之间的条纹. 由于随着衍射角 θ 增大, 半波带数目增加, 每个半波带面积相应减小, 相应每个半波带的光强随之减小. 因此在单缝衍射条纹中, 光强分布是不均匀的, 中央明纹的亮度最大, 其他明纹的亮度远小于中央明纹的亮度, 并且随着条纹级数的增加, 明纹的亮度逐渐减小, 如图 10-24 所示.

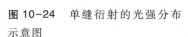

图 10-24　单缝衍射的光强分布示意图

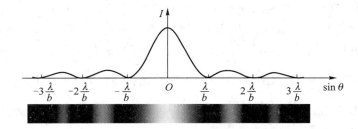

从图 10-24 中我们可以观察到中央明纹最亮, 条纹也最宽. 接下来我们根据衍射公式 (10-25) 来计算条纹的中心位置以及条纹的宽度.

由式 (10-25) 可知, 第 k 级暗纹中心对应的衍射角满足:

$$\sin\theta = \pm\frac{2k}{b}\frac{\lambda}{2} = \pm\frac{k}{b}\lambda \tag{10-26}$$

第 k 级明纹中心对应的衍射角满足：

$$\sin \theta = \pm \frac{(2k+1)}{b} \frac{\lambda}{2} \qquad (10-27)$$

设条纹在屏上离中心 O 的距离为 x，根据图 10-25 中的几何关系可知单缝衍射明、暗纹中心在屏幕上的位置为 $x = f \tan \theta$. 通常单缝衍射的衍射角都很小，则 $\sin \theta \approx \tan \theta$，因此代入暗纹、明纹中心位置对应的衍射角公式，即式（10-26）和式（10-27），可得第 k 级暗纹、明纹以及中央明纹的中心的位置：

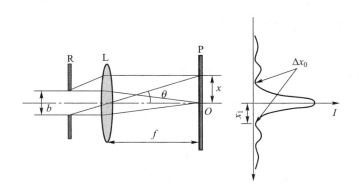

图 10-25　单缝衍射条纹的位置及宽度

$$x = \begin{cases} \pm \dfrac{f}{b} k\lambda & k \text{ 级暗纹} \\[2mm] \pm \dfrac{f}{b} (2k+1) \dfrac{\lambda}{2} & k \text{ 级明纹} \\[2mm] 0 & \text{中央明纹} \end{cases} \quad k = 1, 2, 3, \cdots \quad (10-28)$$

两侧的第一级暗纹中心之间的距离，即中央明纹的宽度为

$$\Delta x_0 = 2x_1 = 2 \frac{\lambda}{b} f \qquad (10-29)$$

在小角度情况下，其他各级相邻两暗纹的距离，即其他明纹的宽度为

$$\Delta x = x_{k+1} - x_k = \frac{\lambda f}{b} = \frac{\Delta x_0}{2} \qquad (10-30)$$

由此可见，级次比较小的衍射明纹（衍射角小）的宽度约为中央明纹宽度的一半.

相邻两暗纹对应的衍射角之差称为明纹的角宽度，用 $\Delta \theta$ 表示，由于衍射角一般都比较小，根据近似 $\sin \theta \approx \tan \theta \approx \theta$，则有

$$\Delta \theta = \frac{(k+1)\lambda}{b} - \frac{k\lambda}{b} = \frac{\lambda}{b} \qquad (10-31)$$

这也是中央明纹的半角宽度.

由式（10-31）可知，当缝宽减小的时候，中央明纹的角宽度

变大,当波长与缝宽接近的时候,中央明纹的角宽度趋于 π,衍射最明显;当缝宽增大的时候,中央明纹的角宽度变小,$\dfrac{\lambda}{b}$ 趋于 0 时,光线趋于直线传播,因此几何光学是波动光学在 $\dfrac{\lambda}{b}$ 趋于 0 时的极限情况.

例 10-6

在夫琅禾费单缝衍射实验中,波长为 λ 的单色光的第三级明纹与 $\lambda' = 630$ nm 的单色光的第二级明纹恰好重合.求:波长 λ 的数值.

解: 若两条明纹恰好重合,根据单缝衍射明纹的位置公式,$x = f\tan\theta$,则它们所对应的衍射角应该相同.

根据单缝衍射明纹条件:

$$b\sin\theta = (2k+1)\dfrac{\lambda}{2}$$

假设 λ 单色光的第三级明纹为 k_1,λ' 单色光的第二级明纹为 k_2,由题意可知

$$(2k_1+1)\dfrac{\lambda}{2} = (2k_2+1)\dfrac{\lambda'}{2}$$

代入数值可得

$$\lambda = \dfrac{5\lambda'}{7} = \dfrac{5}{7}\times 630 \text{ nm} = 450 \text{ nm}$$

例 10-7

如图 10-26 所示,单缝夫琅禾费衍射实验中,缝宽 $b = 20\ \mu\text{m}$,透镜焦距 $f = 30$ cm,入射光的波长为 $\lambda = 400$ nm.

(1) 求中央明纹的半角宽和中央明纹的宽度.

(2) 若 Q 点是明纹,且距离中央明纹中心的距离 $x = 2.1$ cm,问:该点条纹级数为多少?对应 Q 点,狭缝可分成多少个半波带?

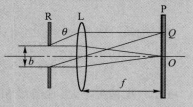

图 10-26　例 10-7 图

解: (1) 由式(10-29)和式(10-31)可得

中央明纹的宽度为 $\Delta x_0 = 2\dfrac{\lambda}{b}f = 1.2$ cm

中央明纹的半角宽度 $\theta = \dfrac{\lambda}{b} = 2\times 10^{-2}\text{rad}$

(2) 由单缝衍射明纹条件 $b\sin\theta = (2k+1)\dfrac{\lambda}{2}$ 和明纹的位置公式 $x = f\tan\theta \approx f\sin\theta$ 可得

$$b\dfrac{x}{f} = (2k+1)\dfrac{\lambda}{2}$$
$$k = 3$$

即 Q 点对应产生的是第三级明纹.

狭缝所在波阵面可以被分割的半波带的数目为 $N = 2k+1 = 7$.

10.6 光栅衍射

10.6.1 光栅衍射现象 光栅方程

实际上,在光谱的测量中并不用单缝衍射来测量光波的波长等参量.这是因为实验测量中一方面要求条纹的亮度比较大,另一方面要求条纹的宽度很窄,明纹之间的距离要分得很开,然而单缝衍射并不能同时达到这两个要求.光栅衍射恰好可以解决上述问题.大多数普通的衍射光栅从本质上来讲是双缝的推广,即是由很多等间距的狭缝构成的.

具有周期性的空间结构的衍射屏称为光栅.光栅分为反射光栅和透射光栅,如图 10-27 所示.在透明平板玻璃上刻划出一系列等宽度等间距的平行直线,这就构成了透射光栅.若在高反射率金属面上刻划出一系列等间距的平行槽,这就构成了反射光栅.最典型的透射型光栅是在一块玻璃上刻有大量等间距的平行刻痕,刻痕处相当于毛玻璃,不易透光,刻痕之间的部分可以透光,如图 10-28 所示.假设透光部分的宽度记为 b,不透光部分的宽度记为 b',相邻的一个透光部分和一个不透光部分的宽度之和记为 d,即 $d = b + b'$,d 称为光栅常量.一般光栅在 1 cm 内的刻痕有几百乃至上万条.假如,在 1 cm 内刻有 2 000 条刻痕,则光栅常量 $d = \dfrac{0.01}{2\ 000}$ m $= 5 \times 10^{-6}$ m.

接下来我们主要讨论透射光栅的衍射现象,图 10-29 为透射光栅实验示意图.当波长为 λ 的单色光照射光栅时,光栅上每个狭缝都产生单缝衍射.根据前一节的内容我们知道,单缝衍射条纹的位置与衍射角有关,因此从每个狭缝发出的衍射角为零的衍射光线都会聚在透镜的焦点 O 处.而每个缝发出的衍射角为 θ 的衍射光都会聚于透镜焦平面上 P 点.另一方面,这 N 个狭缝透射出去的衍射光在后屏相遇还会发生干涉现象,因此,P 点衍射图样是受单缝衍射调制的 N 个缝干涉的结果,即单缝衍射和多缝干涉总效果.

图 10-29 中透射光栅中任意选择两个相邻的透光缝发出的沿 θ 方向的衍射光,经透镜会聚于 P 点,这两束光的光程差为 $\Delta = d\sin\theta$.

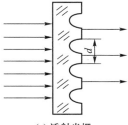

(a) 透射光栅

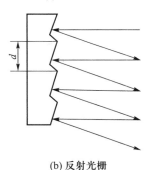

(b) 反射光栅

图 10-27　光栅剖面图

图 10-28　光栅工艺

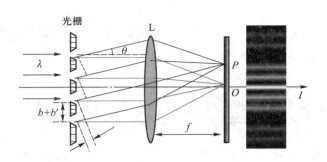

图 10-29 透射光栅实验示意图

干涉条件满足：

$$d\sin\theta = \pm k\lambda, \quad k = 0, 1, 2, \cdots \qquad (10-32)$$

时,两光束干涉加强,在屏幕上出现明条纹. 式(10-32)称为光栅方程,满足光栅方程的明条纹又称为主极大,这些主极大细窄而明亮. k 为明条纹级数, $k=0$ 对应中央明纹, $k=1,2,\cdots$ 对应第一级、第二级……明纹. 正、负号表示其他明纹对称地分布在中央明纹两侧. 从光栅方程可以看出,当入射光的波长一定时,光栅常量越小,各级明纹的衍射角越大,相邻两明纹分得越开,如图10-30 所示. 可以看到在黑暗背景上出现一系列分开的细窄亮线,随着狭缝数 N 的增加,接收屏上的暗区变宽,明条纹的亮度增大,明条纹宽度变细. 这也是为什么衍射光栅被用在很多光谱仪中来分析光谱现象. 衍射光栅是现代物理和工程技术中研究物质结构的主要仪器.

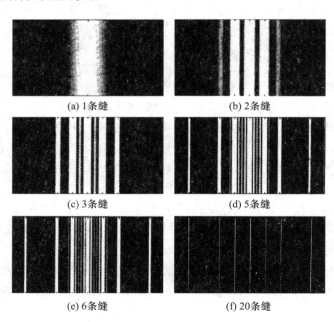

图 10-30 衍射光栅图样

接下来我们进行讨论：

（1）光栅衍射条纹的最高级次

由于光栅方程中 $|\sin\theta|\leqslant 1$，因此当光栅常量和入射光波长一定时，主极大的级次 $k<\dfrac{d}{\lambda}$.

（2）明纹的位置

光栅常量一般都比较小，为 $10^{-5}\sim 10^{-6}$ m 的数量级，因此光栅主极大的衍射角 θ 一般较大．由图 10-28 可知，主极大的位置公式为

$$x=f\tan\theta$$

这里我们一般不取 $\sin\theta\approx\tan\theta$.

例 10-8

用氦氖激光器发出的 $\lambda=632.8$ nm 的红光，垂直入射到一平面透射光栅上，测得第一级明纹出现在 $\theta=38°$ 的方向上．（1）试求这一平面透射光栅的光栅常量，这意味着该光栅在 1 cm 内有多少条狭缝？（2）最多能看到第几级衍射明纹？屏上出现几条明条纹？

解：（1）根据光栅公式：

$$d\sin\theta=\pm k\lambda\quad(k=0,1,2,\cdots)$$

当 $k=1$ 时，$\theta=38°$，则

$$d=\frac{k\lambda}{\sin\theta}=\frac{632.8\text{ nm}}{\sin 38°}=1.028\times10^{-4}\text{ cm}$$

1 cm 刻的条痕数：

$$N=\frac{1}{1.028\times10^{-4}}=9\,728$$

（2）取极限 $\sin\theta=1$，$k_m=\dfrac{d}{\lambda}=\dfrac{1\,028}{632.8}$

1.6，最多能看到第一级衍射明纹．

中央亮纹加上两侧各有一条明纹，屏幕上一共出现 $2k_m+1=3$ 条明条纹．

---

*10.6.2 光栅衍射缺级　光谱重叠现象

如果衍射角 θ 中的某些值既满足缝与缝之间的干涉极大条件，同时也满足单缝衍射中衍射暗纹的条件，那么在这一方向上本应该产生的光栅衍射明纹将消失，这就是在光栅衍射中单缝衍射对缝和缝之间干涉调制的结果，这一现象称为缺级．产生缺级的衍射角 θ 同时满足以下两个方程：

$$d\sin\theta = \pm k\lambda \qquad k=0,1,2,\cdots$$
$$b\sin\theta = \pm k'\lambda \qquad k'=1,2,3,\cdots$$

由此得到光栅衍射中消失的主极大的级数为

$$k = \frac{d}{b}k' \qquad\qquad (10-33)$$

式中，k 为光栅衍射主极大的级次，k' 为单缝衍射暗纹的级次．假如，$\frac{d}{b}=3$，则缺级的级次为 $k=3,6,9,\cdots$，如图 10-31 所示．一般只要 $\frac{d}{b}$ 为整数时，则对应的 k 级明条纹的位置会出现缺级现象．

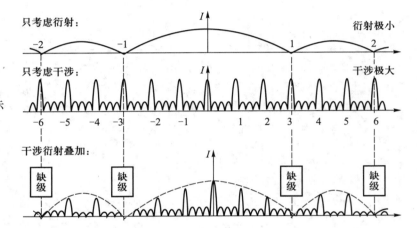

图 10-31 衍射光栅条纹形成示意图

由光栅方程可知，在光栅常量 d 一定时，主极大衍射角 θ 的大小与入射光的波长有关．若用白光照射光栅，各种不同波长的光将产生各自分开的主极大明条纹，屏幕上除零级主极大是由各种波长的光混合为白光外，其两侧将形成各级由紫到红对称排列的彩色光带，这些彩色光带的整体称为衍射光谱，如图 10-32 所示（其中用 V 表示紫光，用 R 表示红光）．在第二级和第三级光谱中，发生了重叠，级数越高，重叠情况越严重．

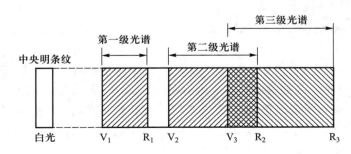

图 10-32 光栅光谱重叠现象

10.7 光的偏振

　　光的干涉和衍射现象揭示了光具有波动性,但并不能指明光波是横波还是纵波.图 10-33 中以机械波为例,在机械波的传播路径上,垂直于光线放置一狭缝 *AB*.当狭缝 *AB* 与横波的振动方向平行时,横波可以通过狭缝继续向前传播;而当狭缝 *AB* 与横波的振动方向垂直时,横波不能通过狭缝继续向前传播.无论狭缝 *AB* 如何放置,纵波总能通过狭缝继续向前传播.光的偏振现象则说明了光波是横波.

10.7.1 自然光与偏振光

　　由于光具有电磁波属性,它的振动方向与传播方向垂直.光矢量既可以始终在一个方向上振动,也可以随时改变方向,这种振动状态称为光的偏振态.

　　普通光源所发出的光是由大量原子发出的持续时间很短的波列组成,这些波列的振动方向和相位是无规律的、随机变化的.所以在垂直于光传播方向的平面上看,光振动存在于各个方向,没有哪个方向的振动比其他方向更占优势,即光矢量的振动在各个方向上的分布是对称的,这就是自然光(非偏振光).光波在传播过程中,若空间各点的光矢量都沿同一固定的方向振动,就称为线偏振光,也称为完全偏振光.

　　可以用图示法简明地表示光的偏振,如图 10-34 所示.由光矢量的振动方向和传播方向决定的平面称为振动面,用黑点表示垂直于纸面的光振动,用短线表示平行于纸面的光振动.

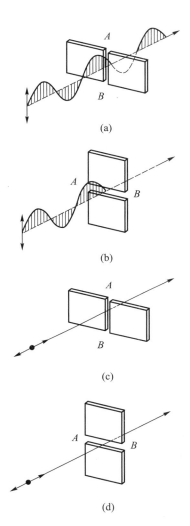

图 10-33 机械波的横波与纵波的区别

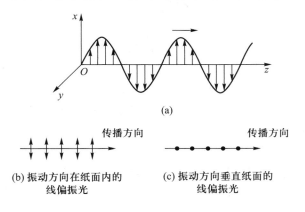

图 10-34 偏振光示意图及其图示法

　　自然光可以在任意两个相互垂直的振动方向上进行分解,由于自然光的光矢量振动在各个方向上的分布是对称的,因此分解得到的两个相互垂直的分量振幅相同,彼此独立,都是线偏振光.这两个线偏振光的光强各占自然光光强的一半,如图 10-35 所示.

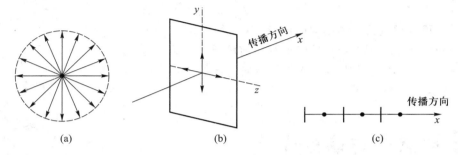

图 10-35 自然光示意图及其图示法

　　与自然光相类似,若某束光可以在相互垂直的两个方向上分解,而这两个分量光的强度不相等,则这样的光称为部分偏振光,如图 10-36 所示,(a)表示在纸面内的光振动较强,(b)表示垂直纸面的光振动较强.

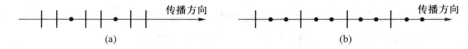

图 10-36 部分偏振光图示法

　　部分偏振光是介于完全偏振光和自然光之间的偏振状态,可以看成完全偏振光和自然光的混合.

10.7.2 马吕斯定律

　　从自然光获得偏振光的过程称为起偏,产生起偏作用的光学器件称为起偏器.常见的起偏器是利用具有二向色性的材料制成的偏振片.实验发现有些晶体对于不同方向的光振动吸收不同.比如,天然的电气石晶体呈六角形片状,当光垂直入射时,与晶体的长对角线方向平行的光振动被晶体吸收较少,通过晶体的光强比较强;与晶体长对角线方向垂直的光振动被晶体吸收较多,通过的光强比较弱.这种晶体对不同方向偏振光具有选择性吸收的性质称为二向色性.天然电气石的偏振化程度并不高,偏振化性能更好的硫酸碘奎宁小晶体常被沉积在薄膜上制成偏振片．当自然光通过具有强烈二向色性的偏振片时，透射光将变为只有某个方向的振动的线偏振光，这个方向称为偏振化方向，通常用符号"↕"表示，如图 10-37 所示．

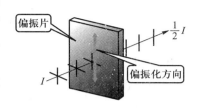

图 10-37　自然光通过偏振片

偏振片不仅可以用来使自然光变成线偏振光，还可以用来检验偏振光．

如图 10-38 所示，用自然光实验，仅放置偏振片 P1，则在旋转偏振片 P1 的过程中，屏上不会观察到明暗的变化．在 P1 后再放置一偏振片 P2，此时入射到 P2 偏振片上的是线偏振光，将 P2 绕入射光的方向旋转一周，透过的光由全明逐渐变为全暗，又由全暗变为全明，再全明变全暗，全暗变全明，共经历两个全明和全暗的过程．这个过程称为检偏，故此时的偏振片称为检偏器．

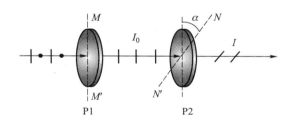

图 10-38　用偏振片起偏和检偏

现在我们讨论，如果 P1 和 P2 这两个偏振片的偏振化方向既不平行也不垂直，那么最终通过 P2 检偏器的光强为多少呢？图 10-39 中，MM' 表示 P1 起偏器的偏振化方向，NN' 表示 P2 检偏器的偏振化方向，两者的夹角为 α．自然光通过起偏器 P1 后将变成线偏振光，偏振化方向沿着 MM'．假设此时线偏振光的振幅为 E_0，将光振动分解为沿 NN' 方向及垂直于 NN' 方向的两个分振动，其中平行于 NN' 方向的分振动可以通过检偏器，其光矢量的振幅为 $E_0 \cos \alpha$．垂直于 NN' 方向的分振动则全部被检偏器吸收，其光矢量的振幅为 $E_0 \sin \alpha$．由于光强与振幅的平方成正比，则透过起偏器 P1 的光强 $I_0 \propto E_0^2$，透过检偏器 P2 的光强 $I \propto E_0^2 \cos^2 \alpha$．

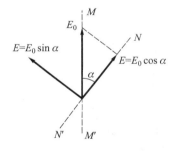

图 10-39　偏振光的分解

$$\frac{I}{I_0} = \frac{E_0^2 \cos^2 \alpha}{E_0^2} = \cos^2 \alpha$$

即

$$I = I_0 \cos^2 \alpha \qquad (10-34)$$

这是法国工程师马吕斯在研究线偏振光通过检偏器的透射光光强时发现的，因此称为马吕斯定律．

例 10-9

如图 10-40 所示，一偏振片 P 放在正交的两偏振片 P_1 和 P_2 之间，它的偏振化方向与 P_1 的偏振化方向成 30°角，求自然光通过这三个偏振片后光强减为原来的百分之几．

解： 假设自然光的光强为 I_0，通过 P_1 偏振片后变为线偏振光，且光强为 $I_1 = \dfrac{I_0}{2}$．求通过偏振片 P 后的光强为 I_2，可根据马吕斯定律：

$$I_2 = \frac{I_0}{2}\cos^2 30°$$

此时，线偏振光的偏振化方向改变成为偏振片 P 的偏振化方向．

求通过偏振片 P_2 后的光强 I_3，可再次应用马吕斯定律：

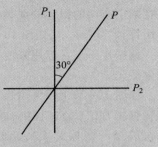

图 10-40   例 10-9 图

$$I_3 = \frac{I_0}{2}\cos^2 30°\cos^2 60°$$

此时，线偏振光的偏振化方向变成偏振片 P_2 的偏振化方向．

$$\frac{I_3}{I_0} = \frac{1}{2}\cos^2 30°\cos^2 60° = 9.4\%$$

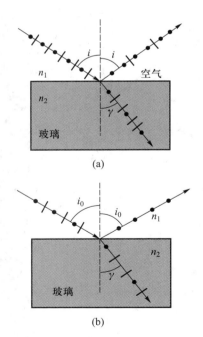

图 10-41   自然光反射和折射时光的偏振

10.7.3 布儒斯特定律

自然光在两种各向同性介质的分界面上反射和折射时，一般情况下，反射和折射光都将成为部分偏振光；然而，在特定的情况下，反射光有可能成为线偏振光．

如图 10-41 所示，一束自然光以任意角度入射到两种介质的界面（如空气和玻璃），其中，i 为入射角，γ 为折射角，入射光线和垂直于界面的虚线构成入射面．实验表明，反射光是部分偏振光，且垂直于入射面的光振动较强，折射光也是部分偏振光，但是平行于入射面的光振动较强［图 10-41（a）］．然而，随着入射角 i 的变化，反射光的偏振化程度随着入射角 i 的变化而发生变化，当入射角 i_0 满足式（10-35）时，反射光中只有垂直于入射面的光振动，而没有平行于入射面的光振动，从而成为线偏振光；折射光仍为部分偏振光，但此时折射光的偏振化程度最强［图 10-41（b）］．

$$\tan i_0 = \frac{n_2}{n_1} \tag{10-35}$$

该式是英国物理学家布儒斯特从实验中得到的,因此称为布儒斯特定律. i_0 称为起偏角或布儒斯特角.

根据折射定律, $n_1 \sin i_0 = n_2 \sin \gamma$,可得

$$\frac{\sin i_0}{\sin \gamma} = \frac{n_2}{n_1}$$

又由布儒斯特定律:

$$\frac{\sin i_0}{\cos i_0} = \frac{n_2}{n_1}$$

则

$$\sin \gamma = \cos i_0$$

因此

$$i_0 + \gamma = \frac{\pi}{2}$$

这表明当入射角为起偏角时,反射光与折射光相互垂直.

当自然光以布儒斯特角从空气入射到普通的光学玻璃时,反射光是完全线偏振光,但其光强只占入射光中垂直入射面的光振动强度的很小一部分,而折射光的光强是由入射光中全部平行入射面的振动强度和垂直入射面的振动强度的总和,可以说在布儒斯特角处发生反射和折射时,反射光偏振度高,但光强很弱;折射光光强很强,但偏振化程度低. 所以常用玻璃堆的方法获得振动相互垂直的两束线偏振光. 如图 10-42 所示,玻璃堆是由多片彼此平行的平板光学玻璃堆放起来构成的. 当自然光以布儒斯特角入射到玻璃堆上时,入射光束经多次反射和折射,最终可以获得偏振化程度很高的两束振动方向相互垂直的偏振光.

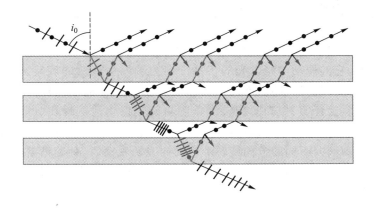

图 10-42 利用玻璃堆获得线偏振光

例 10-10

水的折射率为 1.33, 空气的折射率近似为 1. 当自然光从空气入射到水的表面时, 起偏角是多少? 当自然光从水中入射到空气的表面时, 起偏角是多少?

解： 由布儒斯特定律可得光从空气入射到水的表面时：

$$\tan i_0 = \frac{n_2}{n_1} = 1.33, \quad i_0 = 53.1°$$

当光从水中入射到空气的表面时：

$$\tan i_0 = \frac{n_2}{n_1} = \frac{1}{1.33}, \quad i_0 = 36.9°$$

*10.7.4 双折射

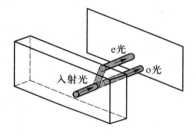

图 10-43 双折射现象

当光射入各向异性的晶体时, 如方解石晶体 ($CaCO_3$), 折射光分开成两束, 沿不同的方向折射, 这种现象称为双折射. 当把这种各向异性的晶体放在有字的纸上时, 观察者会看到双像, 晶体越厚, 射出的光束分得越开, 如图 10-43 所示.

实验证明, 两束折射光中的一束始终满足折射定律, 我们把这束光称为寻常光, 简称 o 光; 另一束折射光不遵守折射定律, 称为非常光, 简称 e 光. 当一束光垂直入射到各向异性的晶体时, o 光沿原方向传播, e 光会偏离原传播方向. o 光和 e 光是互相垂直的线偏振光, 如图 10-44 所示.

*10.7.5 旋光

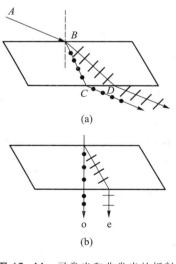

图 10-44 寻常光和非常光的折射

法国物理学家阿拉戈发现, 当线偏振光在某些透明物质中传播时, 它的振动面将以光的传播方向为轴发生连续的旋转, 这种现象称为旋光. 物质能使线偏振光振动面旋转的性质称为旋光性. 实验证明, 振动面旋转的角度与旋光性物质的性质、厚度以及入射光的波长等因素有关. 不同的旋光物质可以使线偏振光的振动面向不同的方向旋转. 当面向光源观察时, 葡萄糖溶液等会使光振动面向右(顺时针方向)旋转的物质, 称为右旋物质; 果糖、石英晶体等能使光振动面向左(逆时针方向)旋转的物质, 称为左旋物质. 偏振光通过糖溶液、松节油等液体时, 振动面的旋转角度与旋光物质溶液的浓度有关. 在制糖工业中, 人们依据这一原理制成糖量计来测定糖溶液的浓度.

本章提要

了解光源的发光机制,掌握光的相干条件．掌握光程的概念以及光程差和相位差的关系及计算,掌握半波损失产生的条件．能分析杨氏双缝干涉条纹、薄膜等厚干涉、劈尖干涉条纹和牛顿环条纹的位置．掌握半波带分析法,能分析单缝衍射明暗条纹的分布特点．掌握光栅衍射条纹分布特点及缺级现象．理解自然光与偏振光的区别,掌握线偏振光的获得方法和检验方法．

阅读材料

一、光的干涉

两束相干光获得干涉极大和干涉极小时光程差 Δ 所满足的条件:

$$\Delta = \begin{cases} \pm k\lambda & \text{加强} \\ \pm(2k+1)\dfrac{\lambda}{2} & \text{减弱} \end{cases} \quad \text{式中,} k=0,1,2,\cdots$$

1. 分波阵面干涉

（1）杨氏双缝干涉

明纹位置　　$x = \pm k\dfrac{D\lambda}{d}, k=0,1,2,\cdots$

暗纹位置　　$x = \pm\dfrac{D}{d}(2k+1)\dfrac{\lambda}{2}, k=0,1,2,\cdots$

相邻两明纹或相邻两暗纹中心的间距均为 $\Delta x = \dfrac{D\lambda}{d}$

（2）劳埃德镜干涉

引入相位跃变,即半波损失的概念;当光从光疏介质射向光密介质时,反射光发生相位跃变．

2. 分振幅干涉

（1）薄膜干涉（光垂直入射）

	反射光干涉光程差	透射光干涉光程差
$n_1 > n_2 > n_3$	$\Delta = 2n_2 d$	$\Delta = 2n_2 d + \dfrac{\lambda}{2}$
$n_1 < n_2 < n_3$	$\Delta = 2n_2 d$	$\Delta = 2n_2 d + \dfrac{\lambda}{2}$
$n_1 < n_2, n_3 < n_2$	$\Delta = 2n_2 d + \dfrac{\lambda}{2}$	$\Delta = 2n_2 d$
$n_1 > n_2, n_3 > n_2$	$\Delta = 2n_2 d + \dfrac{\lambda}{2}$	$\Delta = 2n_2 d$

（2）劈尖干涉

任意相邻两明纹或暗纹对应的薄膜厚度差为 $\Delta d = \dfrac{\lambda}{2n}$

相邻两明纹或暗纹的间距为 $l \approx \dfrac{\lambda}{2n\theta}$

（3）牛顿环干涉

明环的半径　$r = \sqrt{\left(k - \dfrac{1}{2}\right)R\lambda}$，$k = 1,2,\cdots$

暗环的半径　$r = \sqrt{kR\lambda}$，$k = 0,1,2,\cdots$

二、光的衍射

1. 单缝夫琅禾费衍射

明暗纹产生的条件：

$$b\sin\theta = \begin{cases} \pm 2k\dfrac{\lambda}{2} = \pm k\lambda & \text{暗条纹} \\[2mm] \pm(2k+1)\dfrac{\lambda}{2} & \text{明条纹} \\[2mm] 0 & \text{中央明纹} \end{cases} \qquad k = 1,2,3,\cdots$$

后场中条纹的中心位置：

$$x = \begin{cases} \pm\dfrac{f}{b}k\lambda & k \text{ 级暗纹} \\[2mm] \pm\dfrac{f}{b}(2k+1)\dfrac{\lambda}{2} & k \text{ 级明纹} \\[2mm] 0 & \text{中央明纹} \end{cases} \qquad k = 1,2,3,\cdots$$

2. 光栅衍射

光栅衍射极大的条件 $d\sin\theta = \pm k\lambda$，$k = 0,1,2,\cdots$

三、光的偏振

1. 马吕斯定律　$I = I_0\cos^2\alpha$

2. 布儒斯特定律　$\tan i_0 = \dfrac{n_2}{n_1}$

习题 10

10-1　某单色光从空气射入水中,其频率、波速、波长是否变化?怎样变化?

10-2　什么是光程?在不同的均匀介质中,若单色光通过的光程相等,其几何路程是否相同?所需时间是否相同?

10-3　在杨氏双缝实验中,双缝到屏的距离为 1.2 m,双缝之间的距离为 0.2 mm,屏幕上产生的干涉条纹中任意相邻两明纹的距离为 3.6 mm,计算单色光的波长.

10-4　在杨氏双缝实验中,入射光的波长为 650 nm,狭缝相距 10^{-4} m,屏幕上相邻两明纹的间距为 1 cm,求双缝到屏幕之间的距离.

10-5　在双缝装置中,用一折射率为 1.2 的透明薄膜覆盖其中的一条缝,如果入射光的波长为 500 nm,观察到屏幕上第四级明条纹移到原来的零级明纹的位置,求该透明薄膜的厚度.

10-6 白光垂直照射在空气中厚度为 500 nm 的油膜上,油膜的折射率为 1.5,求该油膜正面呈现什么颜色.

10-7 在一个折射率为 1.5 的厚玻璃板上,覆盖着一层折射率为 1.25 的丙酮薄膜.当光波垂直入射到薄膜上时,发现波长为 600 nm 的光产生干涉减弱,而波长为 700 nm 的光则产生干涉加强,则丙酮薄膜的厚度为多少?

10-8 波长 λ 为 6×10^{-4} mm 的单色光垂直地照射到夹角 α 很小、折射率 n 为 1.5 的玻璃劈尖上.在长度 l 为 1 cm 内可观察到 10 条干涉条纹,则玻璃劈尖的夹角 α 为多少?

10-9 有一空气劈尖,用波长为 589 nm 的钠黄色光垂直照射,可测得相邻两明纹之间的距离为 0.1 cm,求劈尖的夹角.

10-10 如图所示,波长为 680 nm 的平行光垂直照射到 $L = 0.12$ m 长的两块玻璃片上,两玻璃片一边相互接触,另一边被直径 $d = 0.048$ mm 的细钢丝隔开.求:(1)两玻璃片间的夹角;(2)相邻两明条纹间空气膜的厚度差;(3)相邻两条纹的间距.

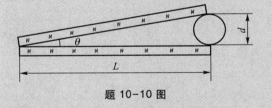

题 10-10 图

10-11 在单色光照射下观测牛顿环的装置中,如果在垂直于平板的方向上移动平凸透镜,当透镜离开或接近平板时,牛顿环将发生什么变化?为什么?

10-12 当牛顿环装置中的透镜与玻璃之间充以液体时,第十个亮环的直径由 1.40 cm 变为 1.27 cm,则这种液体的折射率是多少?

10-13 用波长分别为 $\lambda_1 = 600$ nm 和 $\lambda_2 = $

450 nm 的光观察牛顿环,观察到 λ_1 波长的光产生的第 k 个暗环与 λ_2 波长的光产生的第 $k+1$ 个暗环重合,已知透镜的曲率半径为 1.9 m,求波长为 λ_1 的光入射时,产生的第 k 个暗环的半径.

10-14 为什么声波的衍射比光波的衍射更加显著?

10-15 衍射的本质是什么?衍射和干涉有什么联系和区别?

10-16 在单缝夫琅禾费衍射实验中,波长 500 nm 的平行光垂直入射到宽为 1 mm 的狭缝上,狭缝后方放置焦距为 1 m 的透镜,光线会聚于焦平面上,试求距离衍射中央明纹的中心位置:(1)第一级衍射暗纹的位置;(2)第一级衍射明纹的位置;(3)第三级衍射极小的位置.

10-17 在单缝夫琅禾费衍射实验中,用波长 $\lambda_1 = 650$ nm 的单色平行光垂直入射单缝,已知透镜焦距 $f = 2.0$ m,测得第二级暗纹距中央明纹中心 $x = 3.2 \times 10^{-3}$ m.现用波长为 λ_2 的单色平行光做实验,测得第三级暗纹距中央明纹中心距离 $x = 4.5 \times 10^{-3}$ m.求缝宽 b 和波长 λ_2.

10-18 波长为 589 nm 的光垂直照射到 1.0 mm 宽的缝上,观察屏在离缝 3.0 m 远处,求中央衍射极大任一侧的第一级和第二级衍射极小间的距离.

10-19 一衍射光栅宽 3.0 cm,用波长 600 nm 的光照射,第二级主极大出现在衍射角为 30° 处,求光栅上总刻线数.

10-20 波长为 520 nm 的单色光垂直投射到每厘米 2 000 条刻痕的光栅上,试求第一级衍射极大的衍射角.

10-21 某单色光垂直入射到每厘米有 6 000 条刻痕的光栅上.如果第一级光谱的衍射角为 20°,求入射光的波长及第二级光谱的衍射角.

10-22 试说明自然光、线偏振光和部分偏振光的区别.

10-23 试说明:如何获得线偏振光? 检验线偏振光的方法有哪些?

10-24 一束自然光入射到一个由四个偏振片所构成的偏振片组上,每个偏振片的透射方向相对于前面一个偏振片沿顺时针方向转过 30° 角,求透过这组偏振片的光强和入射光的光强之比.

10-25 一束自然光以布儒斯特角入射到玻璃表面,则反射光为什么光? 反射光的电矢量的振动方向为什么方向?

10-26 自然光以布儒斯特角 $i_B = 57°$ 入射到平板玻璃,则折射光的角度为多少?

第十章习题参考答案

第十一章 量子物理基础

19 世纪末期,经典物理理论已经建立起完整的理论框架,可以说已达到了相当完美、相当成熟的程度.因此不少物理学家认为,物理学理论的框架已经完成,今后的工作,只不过是扩大这些理论的应用范围以及提高实验的精确度.开尔文说:"19 世纪已经将物理大厦全部建成,今后物理学家的任务就是修饰、完善这所大厦了."但这位热力学温标的创始人在欢庆物理大厦完成的同时,接着又指出:"但是在物理晴朗天空的远处,还有两朵小小的令人不安的乌云."相对论和量子力学的建立驱散了这两朵乌云,开创了一场深刻的物理学革命.量子力学揭示的微观世界的基本规律使人们对自然界的认识产生了一个飞跃,并为原子物理学、固体物理学和粒子物理学的发展奠定了理论基础.

11.1 黑体辐射 普朗克量子假设

热辐射是指物体由于具有温度而辐射电磁波的现象.电磁波的产生是由于物体中的分子、原子受到热激发而导致,其辐射的能量称为辐射能.热辐射的光谱是连续谱,波长自远红外区延伸到紫外区.常温下,物体发射的电磁波大部分分布在红外区域,人眼是观察不到的.然而随着温度的升高,物体在单位时间内向外辐射的能量迅速增加,发射的电磁波在短波范围,特别是可见光的比例增加.例如铁块在炉中加热,起初看不到它发光,却感觉到它辐射出来的热.随着温度的不断升高,它发出的可见光由暗红色逐渐转变为橙色,而后又变为黄白色,在温度很高时变为青白色.

物体在向外发射辐射能时,同时也吸收周围物体放出的能量.当物体因辐射而失去的能量等于从外界吸收的辐射能时,物体的状态可用一确定温度来描述,这种热辐射称为平衡热辐射,反之称为非平衡热辐射.由于电磁波的传播无需任何介质,所以热辐射是在真空中唯一的传热方式.

11.1.1 基尔霍夫定律

实验表明:物体辐射能大小取决于物体温度、辐射的波长、辐射时间的长短和辐射的面积. 为了定量描述热辐射的规律,我们引入几个辐射的物理量.

单色辐出度(单色发射本领)

单位时间内、温度为 T 的物体单位面积上发射出波长在 λ 附近的辐射能 $\mathrm{d}M(\lambda,T)$,单位波长间隔的辐射能,则为单色辐出度,用 $M(\lambda,T)$ 表示:

$$M(\lambda,T) = \frac{\mathrm{d}M(\lambda,T)}{\mathrm{d}\lambda} \tag{11-1}$$

单色辐出度反映了物体在不同温度下辐射能按波长分布的情况,$M(\lambda,T)$ 的单位为 $\mathrm{W/m^3}$.

单位时间内从物体表面单位面积上所发射的各种波长的总辐射能,称为物体的辐出度,用 $M(T)$ 表示:

$$M(T) = \int_0^\infty M(\lambda,T)\,\mathrm{d}\lambda \tag{11-2}$$

实验表明,对于不同的物体,或者材料相同但表面情况(如粗糙程度)不同的物体,即使温度相同,它们的单色辐出度和辐出度也是不相同的.

为了描述物体吸收周围物体发出的辐射能的本领,把吸收能量和入射的总能量的比值称为该物体的吸收本领,称为单色吸收比,以 $\alpha(\lambda,T)$ 表示.

若 $\alpha(\lambda,T)=1$,说明物体吸收了所有入射的能量. 将到达该物体表面的热辐射能量完全吸收的物体称为黑体. 它能吸收各种频率的电磁波,是一种理想的模型. 在自然界中吸收比最大的煤烟和黑色珐琅质,对太阳光的吸收比也不超过 99%. 通常我们用不透明的材料制成开小孔的空腔,作为在任何温度能 100% 吸收辐射能的黑体,如图 11-1 所示.

因为空腔小孔很小,射入空腔的辐射能在空腔内经腔壁多次部分吸收和部分反射后,最终几乎被腔的内壁全部吸收. 另一方面,如果均匀加热空腔到不同的温度,腔壁将向空腔发射热辐射,其中一部分将从小孔射出,小孔就成了不同温度下的黑体.

1860 年,基尔霍夫发现在一定温度下,波长 λ 附近单位波长内单色辐出度与单色吸收比的比值与材料及材料表面的性质无

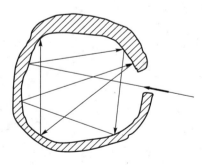

图 11-1   黑体模型

关,仅取决于物体的温度和波长,即

$$\frac{M_1(\lambda,T)}{\alpha_1(\lambda,T)} = \frac{M_2(\lambda,T)}{\alpha_2(\lambda,T)} = \cdots = M_B(\lambda,T) \qquad (11-3)$$

上式称为基尔霍夫定律. 其中, $M_B(\lambda,T)$ 称为黑体的单色辐出度. 这条定律通俗地说就是好的吸收体也是好的辐射体. 黑体是完全的吸收体,因此也是理想的辐射体. 只要知道了黑体的辐射本领,就能了解一般物体的辐射本领.

11.1.2 黑体辐射实验定律

利用黑体模型,可用实验方法测得黑体的单色辐出度 $M_B(\lambda, T)$ 随 λ 和 T 的变化曲线,如图 11-2 所示.

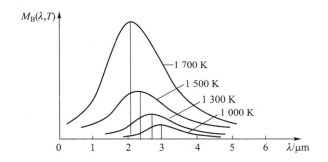

图 11-2 黑体单色辐出度随波长分布曲线

根据实验曲线,得出下面两条黑体辐射的普遍定律.

(1)斯特藩-玻耳兹曼定律

斯特藩和玻耳兹曼分别在实验和理论上证明:每条曲线下面的面积等于温度为 T 的黑体的辐射出射度,且总的辐射出射度与温度的四次方成正比,即

$$M_B(T) = \sigma T^4 \qquad (11-4)$$

其中, $\sigma = 5.67 \times 10^{-8} \text{ W} \cdot \text{m}^{-2} \cdot \text{K}^{-4}$,为斯特藩-玻耳兹曼常量.

(2)维恩位移定律

黑体单色辐射出射度的极值波长 λ_m 与黑体温度之积为常量,即

$$T\lambda_m = b \qquad (11-5)$$

其中, $b = 2.898 \times 10^{-3} \text{ m} \cdot \text{K}$,为维恩常量,该定律为维恩位移定律.

斯特藩-玻耳兹曼定律和维恩位移定律是以经典物理学中的理论为基础的. 这两条定律反映了热辐射的功率随着温度的升高而增加,而且热辐射的峰值波长随着温度的增加而向短波长方

向移动．热辐射的规律在现代科学技术中有着广泛的应用，它是高温、遥感、红外追踪等技术的物理基础．

11.1.3 普朗克量子假设

19 世纪末，黑体辐射成为物理学研究的中心问题之一．许多物理学家在经典物理的基础上作了相当大的努力，其中最为突出的是维恩和瑞利、金斯等人的工作．1896 年，维恩基于经典统计理论，假设黑体辐射能谱分布与麦克斯韦分子速率分布相似，导出了黑体单色辐出度的数学表达式：

$$M_B(\lambda, T) = C_1 \lambda^{-5} e^{-\frac{c_2}{\lambda T}} \qquad (11-6)$$

式中，C_1，C_2 为常量，这就是维恩公式．维恩公式在短波段与实际相符，当波长较长时与实验偏差较大，如图 11-3 所示．瑞利和金斯则把统计物理学中的能量按自由度均分定理应用到电磁辐射能上来，得到单色辐出度为

$$M_B(\lambda, T) = C_3 \lambda^{-4} T \qquad (11-7)$$

式中，C_3 为常量，上式是瑞利-金斯公式．这个公式在长波段与实验符合得特别好，在短波段与实验有明显偏差．特别是当波长趋于零时，辐出度趋于无穷大，这与实验事实完全背离，这就是历史上所谓的"紫外灾难"．

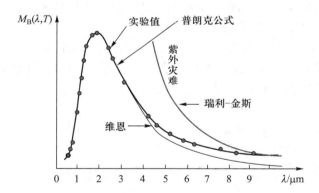

图 11-3 黑体辐射实验数据与经验公式对比曲线

维恩公式和瑞利-金斯公式都是用经典物理学的方法研究热辐射所得到的结果，均与实验有明显的矛盾，明显暴露了经典物理学的缺陷．因此，开尔文认为黑体辐射实验是物理学晴朗天空中一朵令人不安的乌云．为了解决上述困难，普朗克利用内插法将适用于短波长的维恩公式和适用于长波长的瑞利-金斯公式衔接起来．1900 年，他提出假设：(1) 黑体是由带电谐振子组成，这

些谐振子辐射电磁波,并和周围的电磁场交换能量;(2)这些谐振子能量不能连续变化,只能取一些分立值,是最小能量 ε 的整数倍,这个最小能量称为能量子,且 $\varepsilon = h\nu$. 普朗克在此基础上导出了新的公式:

$$M_B(\lambda, T) = 2\pi hc^2 \lambda^{-5} \frac{1}{e^{\frac{hc}{k\lambda T}} - 1} \qquad (11-8)$$

式中,c 为光速,k 为玻耳兹曼常量,h 是一个新引入的常量,称为普朗克常量. 这就是普朗克公式.

从经典的观点看,能量子的假设是不可思议的,就连普朗克本人也觉得难以相信. 直到 1905 年爱因斯坦为了解释光电效应,在普朗克的基础上提出光量子概念后,能量子的假设才逐渐被人们接受,后逐渐形成近代物理中极为重要的量子理论. 1918年,因对量子理论的杰出贡献,普朗克获得了诺贝尔物理学奖.

11.2 光电效应 光的波粒二象性

19 世纪末,赫兹和德国的物理学家霍耳瓦克斯先后制备了电路. 他们发现当紫外线照射在抛光的金属表面时,回路中有电流产生,并称此现象为光电效应现象,但对其机制还不清楚. 由于电气工业的发展,稀薄气体放电现象开始引起人们的注意,汤姆孙通过气体放电现象及阴极射线的研究发现了电子. 之后赫兹意识到光电现象实际上是由于紫外线照射,大量电子从金属表面逸出的现象. 1899 年勒纳德通过对金属表面发射出来的带电粒子的荷质比的测定,证明了金属发射的是电子.

11.2.1 光电效应的实验规律

如图 11-4 所示,当光照射在光电管的阴极 K 上时,电子会从阴极表面逸出,逸出的电子称为光电子. 如果在 AK 两端加上电势差,则光电子在电场加速下向阳极 A 运动,形成光电流. 实验结果可以归纳如下:

(1)光强一定时,两极板之间的加速电压越大,光电流也越大. 当加速电压达到一定值时,光电流不再增加,达到饱和值 I_s,

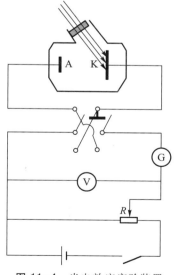

图 11-4 光电效应实验装置

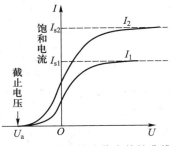

图 11-5　光电效应伏安特性曲线

如图 11-5 所示. 饱和现象说明, 这时单位时间内从阴极逸出的光电子已全部被阳极接收. 实验还表明, 改变光强, 单位时间内从阴极逸出的光电子数与入射光的强度成正比.

（2）从图 11-5 还可以看出, 如果降低加速电压值, 光电流也随着减小. 当加速电压降至零时, 光电流值却并不为零. 仅当反向电压等于 U_a 时, 光电流才等于零. 该电势差称为遏止电势差. 遏止电势差的存在, 说明了光电子从金属表面逸出的初速度有最大值, 即光电子具有最大初动能, 遏止电势差与光电子初动能之间应有关系:

$$\frac{1}{2}mv_m^2 = eU_a \qquad (11-9)$$

上式中 v_m 为光电子的最大速度, m 和 e 分别是光电子的质量和电荷量的绝对值.

（3）实验表明遏止电势差的大小与入射光频率之间具有线性关系:

$$U_a = k\nu - U_0 \qquad (11-10)$$

上式中的 k 和 U_0 都是正的（图 11-6）. k 是直线的斜率, 是与金属材料无关的量; U_0 对同一金属是一个常量, 不同金属的 U_0 是不相同的.

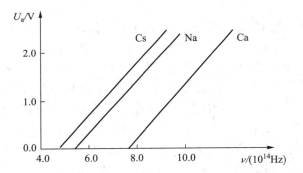

图 11-6　不同金属遏止电势差和频率之间的关系

将式（11-9）代入式（11-10）可得

$$\frac{1}{2}mv_m^2 = eU_a = ek\nu - eU_0 \qquad (11-11)$$

因为 $\frac{1}{2}mv_m^2 \geqslant 0$, 从上式中我们可以得出 $\nu \geqslant \dfrac{U_0}{k}$, 即入射光的频率必须大于某一值, 照射金属才能释放出光电子. 令 $\nu_0 = \dfrac{U_0}{k}$, ν_0 称为光电效应的红限频率, 相应的波长称为红限波长, 不同的金属具有不同的红限. 当入射光的频率小于红限频率时, 不管照射光的强度有多大, 都不会产生光电效应.

（4）实验发现,无论光强如何微弱,从光照射到光电子出现只需要 10^{-9} s 的时间,即光电效应具有瞬时响应性质.

上述实验结果是无法用光的波动理论解释的. 按照光的经典电磁理论,光波的能量与光的强度或振幅有关,与频率无关. 一定强度的光照射金属表面一定时间后,只要电子吸收足够的能量即可逸出金属表面,这与光的频率无关,更不存在红限频率. 然而,光电效应实验却表明,一定的金属材料制成的电极有一定的临界频率,照射光的频率小于临界频率,则没有光电效应现象. 而且实验发现,电子是否逸出与光的强度没有关系,光强只会影响电流的大小. 此外,按照光的经典电磁理论,若用极微弱的光照射,阴极电子要积累一定能量,达到能够挣脱表面束缚能量,需要一定时间. 理论计算表明,1 mW 的光照射逸出功为 1 eV 的金属,从光照射到阴极,到光电子逸出这一过程需要大约十几分钟,光电效应是不可能瞬时发生的.

11.2.2　爱因斯坦的光量子理论

爱因斯坦从普朗克的能量子假设中得到了启发,他假定空腔内的辐射能本身也是量子化的,即光在空间传播时,光能也是量子化的,即具有粒子性. 一束光是一束以光速 c 运动的粒子流,这些粒子称为光量子(光子),每一个光量子的能量与辐射场的频率关系为

$$\varepsilon = h\nu \qquad (11-12)$$

式中,h 为普朗克常量,$h = 6.626\ 070\ 15 \times 10^{-34}$ J · s.

采用了光量子概念之后,光电效应问题迎刃而解. 当光子射到金属表面时,一个光子的能量可能被一个电子吸收. 但入射光的频率只有足够大,即每一个光子的能量足够大时,电子才从金属表面逸出. 逸出后电子的动能满足以下关系式:

$$h\nu = \frac{1}{2}mv^2 + W \qquad (11-13)$$

若电子无法克服金属表面的束缚力而无法逸出,则没有光电效应现象. 当逸出电子的速度为零时,电子逸出的红限频率为

$$\nu_0 = \frac{W}{h} \qquad (11-14)$$

所以红限频率 ν_0 相当于电子所吸收的能量全部消耗于电子逸出

功时的入射光频率. 同样由光量子理论可得,当一个光子被吸收时,全部能量立即被吸收,不需要积累能量的时间,这也说明了光电效应的瞬时性.

爱因斯坦成功地解释了光电效应现象,为此,他于 1921 年获得了诺贝尔物理学奖. 美国物理学家密立根花了 10 年时间测量光电效应,得到了遏止电压和光子频率的严格线性关系;并由直线斜率的测量测得了普朗克常量 h 的精确值,测量值与热辐射和其他实验测得的值符合得相当好. 密立根也由此从反对到支持光量子学说,他于 1923 年获得了诺贝尔物理学奖.

11.2.3 光的波粒二象性

光子不仅具有能量,而且还具有质量和动量等一般粒子所共有的特性,根据狭义相对论中质能关系可得

$$\varepsilon = h\nu = mc^2 \qquad (11-15)$$

则光子的质量为

$$m = \frac{h\nu}{c^2} \qquad (11-16)$$

光子的质量是有限的,视光子的能量而定. 光子的动量为

$$p = mc = \frac{h\nu}{c} = \frac{h}{\lambda} \qquad (11-17)$$

式(11-15)和式(11-17)是描述光的基本性质的关系式. 动量和能量是描述粒子性的,频率和波长则是描述波动性的,光的这种双重性质称为光的波粒二象性.

例 11-1

已知铯的逸出功为 $W = 1.9$ eV,用钠黄光照射($\lambda = 589.3$ nm). 计算钠黄光的质量、动量和能量. 求铯在光电效应中释放的光电子的动能和铯的遏止电压和红限频率.

解:

$$\varepsilon = h\nu = hc/\lambda = 3.4 \times 10^{-19} \text{ J}$$
$$m = h\nu/c^2 = 3.8 \times 10^{-36} \text{ kg}$$
$$p = \frac{h\nu}{c} = 1.1 \times 10^{-27} \text{ kg} \cdot \text{m/s}$$
$$E_k = \frac{mv^2}{2} = h\nu - W = 2.9 \times 10^5 \text{ eV};$$

$$U_a = \frac{h\nu - W}{e} = \frac{E_k}{e} = 2.9 \times 10^5 \text{ V}$$
$$\nu_0 = \frac{W}{h} = 4.6 \times 10^{14} \text{ Hz}$$

例 11-2

波长为 450 nm 的单色光射到纯钠的表面上.（1）求这种光的光子能量和动量;（2）求光电子逸出钠表面时的动能;（3）若光子的能量为 2.40 eV,其波长为多少?

解：（1）$\varepsilon = h\nu = \dfrac{hc}{\lambda} = 4.42 \times 10^{-19}$ J $= 2.76$ eV

$p = \dfrac{\varepsilon}{c} = \dfrac{h}{\lambda} = 1.47 \times 10^{-27}$ kg $\cdot$ m $\cdot$ s^{-1}

（2）$E_k = \varepsilon - W = (2.76 - 2.28)$ eV $= 0.48$ eV

（3）$\lambda = \dfrac{hc}{\varepsilon} = 5.18 \times 10^{-7}$ m $= 518$ nm

11.3　康普顿效应

早在 1912 年,萨德勒及米香就发现了 X 射线被物质散射后波长有变化的现象.1922 年到 1923 年,康普顿研究了 X 射线在石墨上的散射,发现在散射的 X 射线中不但存在与入射波长相同的射线,同时还存在波长大于入射线波长的射线,这一现象称为康普顿效应.康普顿散射实验进一步验证了光量子概念及普朗克-爱因斯坦关系式,证明了 X 射线具有粒子性.为此,康普顿获得了 1927 年的诺贝尔物理学奖.图 11-7 为康普顿实验装置的示意图.

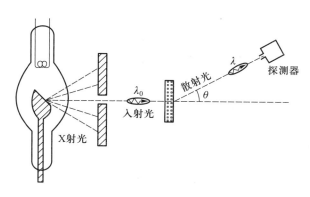

图 11-7　康普顿散射实验装置

图 11-8 给出了石墨的康普顿散射实验结果,从实验结果可以发现:

（1）散射光除波长 λ_0 外,还出现了波长大于入射波长的新散射波长 λ.

（2）波长差 $\Delta\lambda = \lambda - \lambda_0$ 随散射角的增大而增大.

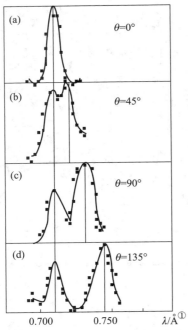

图 11-8   石墨康普顿散射光谱谱线图

（3）对不同的散射物质，只要在同一个散射角下，波长的改变量 $\Delta\lambda=\lambda-\lambda_0$ 都相同，与散射物质无关.

（4）波长为 λ 的散射光强度随散射物质原子序数的增加而减小.

按照经典电磁理论，当电磁波通过物体时，将引发物体中带电粒子做受迫振动，从入射波吸收能量，带电粒子将以入射波相同的频率做电磁振动，并向四周辐射同一频率的电磁波，因此散射的频率（或波长）是不会改变的. 光的波动理论能够解释波长不变的散射，但是无法解释康普顿效应.

根据光子理论，X 射线的散射应是单个光子与原子内部电子碰撞的结果.（1）光子和芯电子相碰撞时，由于芯电子与原子核结合得较为紧密，散射实际上可以看成发生在光子与质量很大的整体原子间的碰撞，光子基本上不失掉能量，波长保持不变.（2）当 X 射线光子与原子外层电子发生碰撞时，由于外层电子与原子结合较弱，所以外层电子可以看成自由电子. 这些电子的热运动的平均动能和入射的 X 射线光子的能量相比可以忽略不计，因而可近似看成静止的自由电子. 当光子与这些电子碰撞时，光子有一部分能量传给电子，光子的能量减少，因此波长变长，频率变低.（3）因为碰撞中交换的能量和碰撞的角度有关，所以波长改变和散射角有关.

下面给出康普顿效应的定量计算结果，X 射线光子与静止的自由电子发生弹性碰撞，动量守恒，如图 11-9 所示.

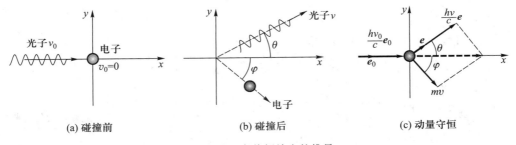

图 11-9   康普顿效应的推导

设碰撞前，电子的静止能量为 m_0c^2，动量为零；入射光的频率为 ν_0，则光子的能量为 $h\nu_0$，动量为 $\dfrac{h\nu_0}{c}\boldsymbol{e}_0$. 碰撞后，电子的能量变为 mc^2，动量变为 $m\upsilon$；散射光子的能量为 $h\nu$，动量为 $\dfrac{h\nu}{c}\boldsymbol{e}$，散射角

① 1Å = 10 nm，现已不推荐使用.

为 θ. 其中,e_0 和 e 分别为碰撞前后光子运动方向上的单位矢量.

根据动量守恒,有

$$\frac{h\nu_0}{c}e_0 = \frac{h\nu}{c}e + mv \qquad (11-18)$$

根据能量守恒,有

$$h\nu_0 + m_0 c^2 = h\nu + mc^2 \qquad (11-19)$$

根据矢量三角形关系,式(11-18)变为

$$m^2 v^2 = \frac{h^2\nu_0^2}{c^2} + \frac{h^2\nu^2}{c^2} - 2\frac{h^2\nu_0\nu}{c^2}\cos\theta \qquad (11-20)$$

将式(11-19)整理为

$$mc^2 = h(\nu - \nu_0) + m_0 c^2 \qquad (11-21)$$

考虑到相对论效应,电子的质量应取

$$m = \frac{m_0}{\sqrt{1-\dfrac{v^2}{c^2}}}$$

对式(11-21)两边平方,并减去式(11-20),得

$$m^2 c^4 = (h\nu_0)^2 + (h\nu)^2 - 2h^2\nu\nu_0 + m_0^2 c^4 + 2hm_0 c^2(\nu_0 - \nu)$$

代入相对论效应下电子的质量,可得

$$\frac{c}{\nu} - \frac{c}{\nu_0} = \frac{h}{m_0 c}(1-\cos\theta)$$

$$\Delta\lambda = \lambda - \lambda_0 = \frac{h}{m_0 c}(1-\cos\theta) = \frac{2h}{m_0 c}\sin^2\frac{\theta}{2} \qquad (11-22)$$

上式为康普顿散射公式. $\lambda_C = \dfrac{h}{m_0 c} = 2.43\times10^{-12}\,\text{m} = 2.43\times10^{-3}\,\text{nm}$

称为康普顿波长,康普顿波长与散射物质无关.

应该说明,只有当入射波长 λ_0 与康普顿波长 λ_C 可以相比拟时,康普顿效应才显著,这也是选用 X 射线观察康普顿效应的原因.

例 11-3

波长 $\lambda_0 = 1.00\times10^{-10}$ m 的 X 射线与静止的自由电子作弹性碰撞,在与入射角成 90° 角的方向上观察,问:

(1) 散射波长的改变量 $\Delta\lambda$ 为多少?

(2) 反冲电子得到多少动能?

(3) 在碰撞中,光子的能量损失了多少?

解：（1）根据康普顿散射公式：

$$\Delta\lambda = \lambda_c(1-\cos\theta) = \lambda_c(1-\cos 90°)$$

$$= \lambda_c = 2.43\times10^{-12}\ \text{m}$$

（2）反冲电子的动能：

$$mc^2 - m_0c^2 = h(\nu-\nu_0)$$

$$E_k = mc^2 - m_0c^2 = \frac{hc}{\lambda_0} - \frac{hc}{\lambda} = \frac{hc}{\lambda_0}\left(1-\frac{\lambda_0}{\lambda}\right)$$

$$= 295\ \text{eV}$$

（3）光子损失的能量 = 反冲电子的动能.

11.4　玻尔的氢原子理论

11.4.1　氢原子光谱的规律性

最原始的光谱分析始于牛顿. 到了 19 世纪中叶,这种方法在生产中得到了广泛的应用. 由于光谱分析积累了相当丰富的资料,不少人对它们进行了整理与分析. 1885 年,巴耳末发现,看似毫无规律可言的氢原子光谱,是有规律的. 这促使人们意识到光谱规律的实质是显示了原子的内在机理,线光谱传递的是原子内部的信息. 接着,1897 年,J. J. 汤姆孙发现了电子,这进一步促使人们去探索原子的结构. 量子论、光谱学和电子的发现这三大线索,为运用量子论研究原子结构提供了坚实的理论和实验基础. 在所有的原子中,氢原子是最简单的,因此我们先讨论氢原子的光谱.

巴耳末发现氢原子光谱公式:

$$\lambda = B\frac{n^2}{n^2-2^2}, \quad n=3,4,5,\cdots \tag{11-23}$$

上式称为巴耳末公式,式中 $B=365.46$ nm. 上式分别给出了氢光谱中 H_α、H_β、H_γ 等谱线的波长,公式所表达的一组谱线称为氢原子光谱的巴耳末系. 图 11-10 给出了氢原子光谱可见光部分的实验结果,巴耳末公式和实验值符合得很好.

图 11-10　氢原子光谱的巴耳末系谱线图

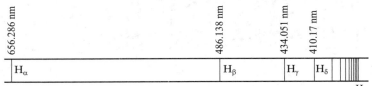

在光谱学中,谱线也常用频率 ν,或者波数 $\sigma = \dfrac{1}{\lambda}$ 来表征. σ 的意义是单位长度内所含的波数.1889 年,里德伯 (J. R. Rydberg,瑞典)用波数来替代巴耳末公式中的波长,从而得出氢原子光谱的其他线系:

$$\sigma = \frac{1}{\lambda} = R\left(\frac{1}{k^2} - \frac{1}{n^2}\right), \quad n = 3,4,5,\cdots \quad (11-24)$$

其中 $R = 109\ 737.315\ 681\ 60(21)\ \text{cm}^{-1}$(里德伯常量). 式中 $k=1,2,3,\cdots,n=k+1,k+2,k+3,\cdots$,此式称为广义巴耳末公式.

氢原子光谱各谱系分别为

莱曼系 $\quad \sigma = R\left(\dfrac{1}{1^2} - \dfrac{1}{n^2}\right) \quad n=2,3,4,\cdots$ 紫外区

帕邢系 $\quad \sigma = R\left(\dfrac{1}{3^2} - \dfrac{1}{n^2}\right) \quad n=4,5,6,\cdots$ 近红外区

布拉开系 $\quad \sigma = R\left(\dfrac{1}{4^2} - \dfrac{1}{n^2}\right) \quad n=5,6,7,\cdots$ 红外区

普丰德系 $\quad \sigma = R\left(\dfrac{1}{5^2} - \dfrac{1}{n^2}\right) \quad n=6,7,8,\cdots$ 红外区

令 $T(k) = \dfrac{R}{k^2}, T(n) = \dfrac{R}{n^2}$,则式(11-24)可写为

$$\sigma = T(k) - T(n) \quad (11-25)$$

其中,$T(k)$ 和 $T(n)$ 称为光谱项. 后来人们发现碱金属等其他原子光谱的波数,也可以用两个光谱项之差来表示,只是光谱项比较复杂.

11.4.2 玻尔的氢原子理论

原子光谱的实验规律确定之后,人们提出了各种不同的模型以解释光谱的实验规律. 经公认的是 1912 年卢瑟福在 α 粒子散射实验基础上提出的核式结构模型,即原子是由带正电的原子核和核外做轨道运动的电子组成. 从经典电磁理论来看,电子绕核做加速运动,向外辐射电磁波,辐射电磁波的频率等于电子绕核转动的频率. 由于电子向外辐射电磁波,电子能量逐渐减少,运动轨道越来越小,旋转的频率也将逐渐改变,因而原子光谱应该是连续光谱. 同时由于能量的减少,电子将逐渐接近原子核而后相遇,最后落在核上,即原子系统是一个不稳定的系统. 但实验表明,原子光谱是线状光谱,原子一般处于某一稳定状态.

为了解决经典理论所遇到的困难,1913 年玻尔在卢瑟福的核式模型结构的基础上,把量子化概念应用到原子系统,并提出了三条基本假设.

(1) 定态条件:电子绕原子核做圆周运动,但不辐射能量,是稳定的状态,这些状态称为定态,每一个定态对应着电子的一个能量级,即原子的稳定态只能是某些具有一定分立值能量(E_1,E_2,E_3,…,E_m,…,E_n,…)的状态.

(2) 频率假设:原子从一较大能量 E_n 的定态向另一较低能量 E_k 的定态跃迁时,辐射或吸收一个频率为 ν 的光子,光子的频率需满足:

$$h\nu = E_n - E_k \tag{11-26}$$

式中 h 为普朗克常量. 当 $E_n > E_k$ 时发射光子,$E_n < E_k$ 时吸收光子.

(3) 轨道角动量量子化假设:电子绕核做圆周运动时,其稳定状态的电子轨道角动量必须满足:

$$L = n\frac{h}{2\pi} \qquad n = 1, 2, 3, \cdots \tag{11-27}$$

式中 n 为量子数,n 取不为零的正整数. 式(11-27)也称为角动量量子化条件.

玻尔理论对于当时已发现的氢原子光谱线系的规律给出了很好的解释,并预言在紫外区还有另外一个线系存在. 第二年,这个线系果然被莱曼观测到了,而且与理论计算的结果相当符合. 原子能量不连续的概念也在第二年被弗兰克与赫兹直接通过实验证实. 因此,玻尔理论立即引起了人们的注意,这反过来又大大促进了光谱分析等方面实验的发展. 玻尔这一开拓性的贡献,使得他获得了 1922 年诺贝尔物理学奖.

下面,从玻尔假设来导出原子能级公式,从而解释氢原子光谱的规律.

对于氢原子中质量为 m,电荷量的绝对值为 e 的电子,在半径为 r_n 的稳定轨道上,以速率 v_n 绕原子核做圆周运动,静电力作为向心力,即

$$\frac{1}{4\pi\varepsilon_0}\frac{e^2}{r_n^2} = m\frac{v_n^2}{r_n} \tag{11-28}$$

再利用玻尔的角动量量子化条件:

$$L = mv_n r_n = n\frac{h}{2\pi} \tag{11-29}$$

联系上面两式,消去 v_n,从而得到氢原子的半径为

$$r_n = n^2 \frac{\varepsilon_0 h^2}{\pi m e^2} \tag{11-30}$$

再利用玻尔的角动量量子化条件可以得到

$$r_1 = \frac{\varepsilon_0 h^2}{\pi m e^2} = 5.29 \times 10^{-11} \text{ m} \tag{11-31}$$

r_1 为轨道的最小半径,称为玻尔半径.

在不计原子核运动时,氢原子的能量为电子的动能和电子与原子核相互作用的势能之和,即

$$E_n = \frac{1}{2} m v_n^2 - \frac{e^2}{4\pi\varepsilon_0 r_n} \tag{11-32}$$

由式(11-28)可知,$\frac{1}{2} m v_n^2 = \frac{e^2}{8\pi\varepsilon_0 r_n}$,结合式(11-30)的结论,代入式(11-32)可得

$$E_n = -\frac{1}{n^2}\left(\frac{me^4}{8\varepsilon_0^2 h^2}\right) = \frac{E_1}{n^2} \tag{11-33}$$

式中 $n = 1, 2, 3, \cdots$,所以原子系统的能量是不连续的,也就是说,能量是量子化的. 其中,$E_1 = -13.6$ eV 为氢原子的最低能级,也称基态能级,它是把电子从氢原子的第一玻尔轨道移到无穷远处所需的能量值,即电离能. 这个能量值与实验方法测得的氢原子电离能符合得很好.

根据玻尔假设,当原子从较高能态 E_n 向较低能态 E_k 跃迁时,发射一个光子,其频率和波数满足:

$$\nu = \frac{E_n - E_k}{h}$$

$$\sigma = \frac{1}{\lambda} = \frac{\nu}{c} = \frac{E_n - E_k}{hc} = \frac{me^4}{8\varepsilon_0^2 h^3 c}\left(\frac{1}{k^2} - \frac{1}{n^2}\right) \tag{11-34}$$

上式和氢原子光谱的经验值一致,可得里德伯常量的理论值:

$$R_H = \frac{me^4}{8\varepsilon_0^2 h^3 c} \tag{11-35}$$

11.4.3 玻尔理论的局限性

从原子的稳定性的分析中可以看出,玻尔理论并不完善. 玻尔理论虽然成功地说明了氢原子光谱的规律,但对复杂的原子光谱,例如氦原子光谱,玻尔理论遇到了极大的困难,无法解释光谱线的精细结构. 玻尔理论只提出了计算光谱谱线频率的规则,而对于光谱分析中其他重要的观测量——谱线强度、宽度和偏振等问题却无法很好地解决. 玻尔理论把电子看成一经典粒子,推导中应

用了牛顿运动定律,使用了轨道的概念,所以不是彻底的量子理论.此外,角动量量子化的假设以及电子在稳定轨道上运动时不辐射电磁波的假设是十分生硬的,而且他只是把能量的不连续性问题转化为角动量的不连续性,并未从根本上解决不连续的本质.

玻尔理论是半经验理论,是在经典理论的基础上加上一个量子化条件,并不自成体系,因此称其为旧量子学,但这一理论为后来量子力学的建立打下了坚实的基础.

例 11-4

(1)将一个氢原子从基态激发到 $n=4$ 的激发态需要多少能量?(2)处于 $n=4$ 的激发态的氢原子可发出多少条谱线?其中有多少条可见光谱线?其光波波长各是多少?

解:(1)$\Delta E = E_4 - E_1 = \dfrac{E_1}{4^2} - E_1 = 12.75 \text{ eV} \approx 2 \times 10^{-18} \text{J}$

(2)在某一瞬时,一个氢原子只能发射与某一谱线相应的一定频率的一个光子,在一段时间内可以发出的谱线跃迁如图所示,

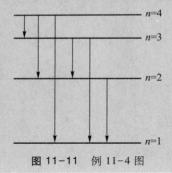

图 11-11 例 11-4 图

共有 6 条谱线.

由图可知,可见光的谱线为 $n=4$ 和 $n=3$ 跃迁到 $n=2$ 的两条.

$\sigma_{42} = R\left(\dfrac{1}{2^2} - \dfrac{1}{4^2}\right) = 0.21 \times 10^7 \text{ m}^{-1}$

$\lambda_{42} = \dfrac{1}{\sigma_{42}} = 486.1 \text{ nm}$

$\sigma_{32} = R\left(\dfrac{1}{2^2} - \dfrac{1}{3^2}\right) = 0.15 \times 10^7 \text{ m}^{-1}$

$\lambda_{32} = \dfrac{1}{\sigma_{32}} = 656.3 \text{ nm}$

例 11-5

试计算氢原子中巴耳末系的最短波长和最长波长各是多少.

解:根据巴耳末系的波长公式,其最长波长应是 $n=3$ 到 $n=2$ 跃迁的光子,即

$\dfrac{1}{\lambda_{\max}} = R\left(\dfrac{1}{2^2} - \dfrac{1}{3^2}\right) = 1.097 \times 10^7 \left(\dfrac{1}{2^2} - \dfrac{1}{3^2}\right) \text{ m}^{-1}$

$\lambda_{\max} = 6.56 \times 10^{-7} \text{m} = 656.3 \text{ nm}$

最短波长应是 $n=\infty$ 到 $n=2$ 跃迁的光子,即

$\dfrac{1}{\lambda_{\min}} = R\dfrac{1}{2^2} = \dfrac{1.097 \times 10^7}{4} \text{ m}^{-1}$

$\lambda_{\min} = 364.6 \text{ nm}$

11.5 粒子的波动性

在波动光学中,光的干涉和衍射现象证明了光的波动性;而黑体辐射、光电效应和康普顿效应则说明光具有粒子性.我们把光的这种既具有波动性、又具有粒子性的双重特性,称为光的波粒二象性.1924 年,法国物理学家德布罗意则大胆假设,任何运动的粒子皆伴随着一个波,粒子的运动和波的传播不能相互分离.德布罗意认为,运动的实物粒子的能量 E、动量 p 与它相关联的波的频率 ν 和波长 λ 之间满足:

$$E = mc^2 = h\nu \tag{11-36}$$

$$p = mv = \frac{h}{\lambda} \tag{11-37}$$

式中 h 为普朗克常量.这种波称为德布罗意波,或物质波.式 (11-37) 称为德布罗意公式.

如果有一粒子,静止质量为 m_0,速度 $v \ll c$,则粒子的德布罗意波长为

$$\lambda = \frac{h}{p} = \frac{h}{m_0 v}$$

若粒子的速率 $v \to c$,则根据相对论效应,$m = \dfrac{m_0}{\sqrt{1-v^2/c^2}}$,则粒子的德布罗意波长为

$$\lambda = \frac{h}{m_0 v}\sqrt{1-v^2/c^2} \tag{11-38}$$

在通常情况下,由于普通物质的质量很大,而普朗克常量又非常小,因此宏观上的物质表现出来的波动性几乎观察不到.以子弹为例,质量 $m_0 = 0.01$ kg,速率 $v = 300$ m·s^{-1} 的子弹的德布罗意波长为:$\lambda = \dfrac{h}{m_0 v} = 2.21 \times 10^{-34}$ m.对于子弹这一宏观物体而言,它的波长小到实验难以测量的程度,因而仅表现出粒子性.

在微观世界,粒子的质量非常小,因此波动性非常大.以电子为例,被加速电压 U 加速后,若不考虑相对论效应,则电子的速度满足:

$$\frac{1}{2}mv^2 = eU \text{ 即 } v = \sqrt{\frac{2eU}{m}}$$

代入式 (11-37),$\lambda = \dfrac{h}{mv} = \dfrac{h}{\sqrt{2eUm}}$,电子质量 $m_0 = 9.1 \times 10^{-31}$ kg,若加速电压 $U = 150$ V,则电子的德布罗意波长为 $\lambda \approx 0.1$ nm.

对德布罗意波理论最强有力的证明是电子衍射实验．1927年戴维孙和革末用加速后的电子投射到晶体上进行电子衍射实验,得到了和 X 射线衍射类似的电子衍射现象,首次证实了电子的波动性．同年汤姆孙实验也证明了电子具有晶体衍射图案．电子能够进行衍射,说明电子也具有波动性．此后,物理学家陆续证实质子、中子等微观粒子都具有波动性．这些实验结果均说明波动性也是物质的基本属性之一．德布罗意公式成为揭示微观粒子波粒二象性的基本公式．1929 年,德布罗意因发现电子波而荣获诺贝尔物理学奖．

从经典理论来看,粒子是不可分割的整体,有确定位置和运动轨道;波是某种实际的物理量的空间分布作周期性的变化,波具有相干叠加性．粒子的波粒二象性要求将波和粒子两种对立的属性统一到同一物体上．1926 年,德国物理学玻恩提出了概率波,认为个别微观粒子在何处出现有一定的偶然性,但是大量粒子在空间何处出现的空间分布却服从一定的统计规律．在某处德布罗意波的强度是与粒子在该处邻近出现的概率成正比的,德布罗意波是概率波．

微观粒子的波动性在现代科学技术中得到了广泛的应用．由于电子的波长远小于光的波长,因此电子显微镜的分辨率比光学显微镜高．由于技术上的原因,电子显微镜在 1932 年才由德国人鲁斯卡研制成功．1981 年,德国人宾尼希和瑞士人罗雷尔研制出扫描隧穿显微镜,其分辨率可以达到 0.001 nm. 扫描隧穿显微镜对纳米材料、生命科学和微电子学的发展起到了巨大的促进作用．

例 11-6

计算温度为 25℃时慢中子的德布罗意波长．

解：按照能量均分定理,慢中子的平均平动动能为

$$\varepsilon = \frac{3}{2}kT$$

已知 $T = 298$ K,则慢中子的平均平动动能为

$$\varepsilon = 3.85 \times 10^{-2} \text{ eV}$$

考虑到中子的质量 $m_n = 1.67 \times 10^{-27}$ kg,其动能与动量的关系为 $p = \sqrt{2m_n \varepsilon}$,那么中子的动量为

$$p = 4.54 \times 10^{24} \text{ kg} \cdot \text{m} \cdot \text{s}^{-1}$$

因此,慢中子的德布罗意波长为

$$\lambda = \frac{h}{p} = 0.146 \text{ nm}$$

11.6   不确定性原理

在经典力学中,质点在任一时刻的位置及动量都可以进行精确的描述或测量.然而在微观状态下,微观粒子具有明显的波动性.微观粒子在某位置上仅以一定的概率出现,这就意味着,微观粒子的位置是不确定的.下面,我们以电子单缝衍射实验来说明,如图 11–12 所示.

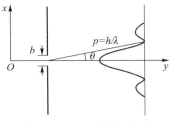

图 11–12   电子单缝衍射

单缝宽度为 b,电子波长为 λ,动量为 p.那么有一个问题,某一个电子在通过单缝时究竟在缝中的哪一点?根据德布罗意波的理论,此时,电子是一列波.既然是一列波,显然无法找到它的具体位置,但电子肯定通过了单缝.那么可以认定电子处于缝宽的范围内,因此位置的不确定量 $\Delta x = b$.那么此时电子的动量多大?同一瞬时,由于衍射的原因,电子动量的大小没有变化,但是动量的方向有了改变.只考虑一级衍射极小图样,则电子被限制在一级衍射角范围内,有 $\sin\theta = \dfrac{\lambda}{b}$.因此,电子动量沿 Ox 轴方向的分量的不确定范围为

$$\Delta p_x = p\sin\theta - 0 = p \cdot \frac{\lambda}{b} \tag{11-39}$$

根据德布罗意公式,上式写为

$$\Delta p_x = \frac{\lambda}{b} \tag{11-40}$$

由此我们可以得到

$$\Delta p_x \Delta x = h \tag{11-41}$$

考虑到电子可以到达更高级次的条纹,上式可以改写为

$$\Delta p_x \Delta x \geqslant h \tag{11-42}$$

上式被称为不确定性原理.

量子力学给出的结果是

$$\Delta p_x \Delta x \geqslant \frac{\hbar}{2} \tag{11-43}$$

其中,$\hbar = \dfrac{h}{2\pi} = 1.054\ 571\ 817 \times 10^{-34}$ J·s,为约化普朗克常量.

式(11–43)称为海森伯不确定性原理,是海森伯于 1927 年提出的.这一关系式指出,对于微观粒子来说,它不可能同时具有确定的位置和动量.粒子位置的不确定量 Δx 越小,动量的不确定量 Δp_x 就越大,反之亦然.不确定性原理的本质是微观粒子的波粒二象性及粒子空间分布遵从统计规律的必然结果.必须明确的是,不确定性原理并不是由于仪器不够精确或技术不够精湛造成的,而是理论上就是如此.

不确定性原理不仅存在于坐标和动量之间,也存在于能量和时间之间.如果微观粒子处于某一状态的时间不确定量为 Δt,则其能量必有一个不确定量 ΔE,由量子力学可知,二者之间的关系为

$$\Delta E \Delta t \geqslant \frac{\hbar}{2} \qquad (11-44)$$

上式称为能量和时间的不确定性原理.原子在激发态的平均寿命为 $\Delta t \approx 10^{-8}$ s,由不确定性原理,原子激发态的能量值一定有不确定量 $\Delta E \geqslant \frac{\hbar}{2\Delta t} \approx 10^{-8}$ eV,这就是激发态的能级宽度.显然除基态外,原子的激发态平均寿命越长,能级宽度就越小.

例 11-7

一电子速率为 200 m·s^{-1},其动量的不确定范围为其动量的 0.01%,则该电子的不确定范围有多大?

解:电子动量:

$$p = mv = 9.1 \times 10^{-31} \times 200 \text{ kg·m·s}^{-1}$$
$$= 1.8 \times 10^{-28} \text{ kg·m·s}^{-1}$$

动量的不确定范围为

$$\Delta p = 0.01\% \times p = 1.8 \times 10^{-32} \text{ kg·m·s}^{-1}$$

则电子的不确定范围为

$$\Delta x = \frac{h}{\Delta p} = \frac{6.63 \times 10^{-34}}{1.8 \times 10^{-32}} \text{ m} = 3.7 \times 10^{-2} \text{ m}$$

可见,电子的不确定范围远远超过了原子的大小(10^{-10} m).

例 11-8

$m = 10^{-2}$ kg 的乒乓球,其直径 $d = 5$ cm,沿着一维方向运动的速度为 $v_x = 200$ m·s^{-1},其位置的不确定度为 $\Delta x = 10^{-6}$ m,可以认为其位置是完全确定的.其动量是否完全确定呢?

解:$\Delta p_x = m\Delta v_x = \dfrac{\hbar}{2\Delta x} = \dfrac{10^{-34}}{10^{-6}}$ kg·m·s^{-1}

$$= 10^{-28} \text{kg·m·s}^{-1}$$

$$\Delta p_x \ll mv_x = 2 \text{ kg·m·s}^{-1}$$

所以,宏观粒子的动量及坐标可以认为能够同时确定.

本章提要

阅读材料

　　了解热辐射的两条实验定律：斯特藩-玻耳兹曼定律和维恩位移定律，以及经典物理理论在说明热辐射的能量按频率分布曲线时所遇到的困难；理解普朗克量子假设．了解经典物理理论在说明光电效应的实验规律时所遇到的困难．理解爱因斯坦光子假设，掌握爱因斯坦方程．理解康普顿效应的实验规律，以及爱因斯坦的光子理论对这个效应的解释．理解光的波粒二象性．理解氢原子光谱的实验规律及玻尔氢原子理论．了解德布罗意假设及电子衍射实验．了解实物粒子的波粒二象性．理解描述物质波动性的物理量（波长、频率）和描述粒子性的物理量（动量、能量）之间的关系．

　　1. 黑体辐射

　　斯特藩-玻耳兹曼定律：$M_B(T) = \sigma T^4$

　　维恩位移定律：$T\lambda_m = b$

　　2. 光电效应

　　当频率合适的光照射金属时，有电子逸出的现象．

　　光电效应的爱因斯坦方程：$h\nu = \dfrac{1}{2}mv^2 + W$

　　光电效应产生的条件：$\nu > \nu_0 = W/h$，其中，ν_0 为红限频率．

　　光子的波粒二象性：$\varepsilon = h\nu$，$p = \dfrac{h}{\lambda}$．

　　3. 康普顿效应

$$\Delta\lambda = \lambda - \lambda_0 = \frac{h}{m_0 c}(1 - \cos\theta) = \frac{2h}{m_0 c}\sin^2\frac{\theta}{2}$$

　　强调：只有当入射波长 λ_0 与康普顿波长 λ_C 可以相比拟时，康普顿效应才显著，这也是选用 X 射线观察康普顿效应的原因．

　　4. 波尔的氢原子理论

　　（1）氢原子光谱的实验规律

　　巴耳末氢原子光谱公式：$\lambda = B\dfrac{n^2}{n^2 - 2^2}$

　　氢原子光谱实验规律：$\sigma = T(k) - T(n) = R\left(\dfrac{1}{k^2} - \dfrac{1}{n^2}\right)$

　　（2）玻尔理论的基本假设

　　a. 定态条件：电子绕原子核做圆周运动，但不辐射能量，这些稳定的状态称为定态，每一个定态对应着电子的一个能量级．

b. 频率假设:原子从一较大能量 E_n 的定态向另一较低能量 E_k 的定态跃迁时,辐射或吸收一个频率为 ν 的光子,光子的频率需满足:

$$h\nu = E_n - E_k$$

c. 轨道角动量量子化假设:电子绕核做圆周运动时,其稳定状态的电子轨道角动量必须满足:

$$L = n\frac{h}{2\pi}$$

5. 德布罗意关系

$$E = mc^2 = h\nu, \quad p = mv = \frac{h}{\lambda}$$

6. 不确定性原理

$$\Delta p_x \Delta x \geqslant \frac{\hbar}{2}, \quad \Delta E \Delta t \geqslant \frac{\hbar}{2}$$

习题 11

11-1　已知天狼星的温度大约是 11 000 ℃,利用维恩定律求出其辐射峰值的波长.

11-2　实验表明,黑体辐射实验曲线的峰值波长 λ_m 和黑体温度的乘积为一常量,即 $\lambda_m T = b = 2.897 \times 10^{-3}$ m·K. 实验测得太阳辐射波谱的峰值波长 $\lambda_m = 510$ nm,设太阳可近似看成黑体,试估算太阳表面的温度.

11-3　已知钾的红限波长为 558 nm,求它的逸出功. 如果用波长为 400 nm 的入射光照射,试求光电子的最大动能和遏止电压.

11-4　铝表面电子的逸出功为 6.72×10^{-19} J,今有波长为 $\lambda = 2.0 \times 10^{-7}$ m 的光投射到铝表面上. 试求:
(1) 由此产生的光电子的最大初动能;
(2) 遏止电势差;
(3) 铝的红限波长.

11-5　求波长分别为 $\lambda_1 = 7.0 \times 10^{-7}$ m 的红光;$\lambda_2 = 0.25 \times 10^{-10}$ m 的 X 射线的能量、动量和质量.

11-6　在康普顿效应中,入射光子的波长为 3×10^{-3} nm,反冲电子的速度为 0.6 倍的光速,求散射光子的波长和散射角.

11-7　在康普顿散射中,如果设反冲电子的速度为光速的 60%,则因散射使电子获得的能量是其静止能量的多少倍?

11-8　波长 $\lambda_0 = 0.070\ 8$ nm 的 X 射线在石蜡上受到康普顿散射,问在 $\frac{\pi}{2}$ 和 π 方向上所散射的 X 射线波长各是多大?

11-9　设氢原子中电子从 $n = 2$ 的状态被电离出去,求需要多少能量.

11-10　当基态氢原子被 12.09 eV 的光子激发后,其电子的轨道半径将增加多少倍?

11-11　为使电子的德布罗意波长为 0.1 nm,需加多大的加速电压?

11-12 假定对某个粒子动量的测定可精确到千分之一,试确定这个粒子位置的最小不确定量.

（1）该粒子质量为 5×10^{-3} kg,以 2 m·s^{-1} 的速度运动;

（2）该粒子是速度为 1.8×10^8 m·s^{-1} 的电子.

第十一章习题参考答案